FORMULAIRE

DES ALCALOÏDES

ET

DES GLUCOSIDES

5869-93. — CORBEIL. Imprimerie CRÉTÉ.

FORMULAIRE
DES ALCALOÏDES
ET
DES GLUCOSIDES

PAR

Henri BOCQUILLON-LIMOUSIN
PHARMACIEN DE 1re CLASSE
LAURÉAT, MÉDAILLE D'OR DE L'ÉCOLE DE PHARMACIE
MEMBRE DES SOCIÉTÉS DE PHARMACIE
ET DE THÉRAPEUTIQUE

Avec une introduction

PAR

G. HAYEM
PROFESSEUR A LA FACULTÉ DE MÉDECINE DE PARIS

PARIS
LIBRAIRIE J.-B. BAILLIÈRE ET FILS
19, rue Hautefeuille, près du boulevard Saint-Germain

1894

INTRODUCTION

Malgré la découverte d'un grand nombre de médicaments nouveaux, tirés principalement des corps de la série aromatique; malgré la grande vogue des antiseptiques, les alcaloïdes et les glucosides sont restés des médicaments extrêmement précieux.

Ce sont en quelque sorte les plus physiologiques, leurs effets médicamenteux découlant directement des actions physiologiques qu'ils exercent sur l'organisme.

Ils s'adressent surtout et en premier lieu aux éléments du système nerveux pour en exalter ou en annihiler les propriétés spécifiques et peuvent ainsi, dans la plupart des cas, produire à dose très minime des effets relativement considérables.

Le médecin a donc besoin de bien connaître leur action physiologique, leur degré de toxicité et leur posologie.

L'ouvrage de M. H. Bocquillon peut lui rendre

à cet égard de réels services. Rédigé avec grand soin et riche en enseignements précis, il est des plus recommandables.

La pharmacologie est devenue, dans ces dernières années, tellement complexe que les ouvrages pratiques, pouvant venir en aide à la meilleure des mémoires, sont non seulement utiles, mais indispensables.

G. HAYEM.

Paris, le 1er décembre 1893.

TABLE DES MATIÈRES

INTRODUCTION par M. le professeur HAYEM.......... v

PREMIÈRE PARTIE. — LES ALCALOÏDES.

CHAPITRE PREMIER. — GÉNÉRALITÉS.................. 1
I. Définition.................................. 1
II. Historique.................................. 2
III. Fonction chimique des alcaloïdes........... 3
IV. Préparation des alcaloïdes.................. 5
Méthodes principales......................... 5
Première méthode de Pelletier et Caventou... 5
Deuxième méthode de Pelletier et Caventou.. 6
Méthode de Stas.............................. 7
Méthode de Dragendorff....................... 7
Cas d'un alcaloïde volatil................... 7
Méthodes diverses............................ 8
V. Réactifs généraux des alcaloïdes............ 9
VI. Réactions générales des alcaloïdes.......... 10
VII. Recherche toxicologique des alcaloïdes...... 10
VIII. Classement des alcaloïdes d'après les familles botaniques auxquels ils appartiennent.... 11
IX. Classement des alcaloïdes d'après leurs propriétés physiologiques et thérapeutiques.. 17
X. Classement des alcaloïdes de l'opium par l'intensité physiologique................... 23
XI. État de pureté des alcaloïdes employés en thérapeutique.............................. 24

XII. Dosage des alcaloïdes dans les médicaments. 24
Méthode de F. Ranwez.................... 28
Résultats de la méthode de Ranwez......... 30

CHAPITRE II. — ALCALOÏDES NATURELS................ 32

CHAPITRE III. — ALCALOÏDES DONT L'HISTOIRE ET LA VALEUR THÉRAPEUTIQUE SONT PEU CONNUES.......... 192

CHAPITRE IV. — ALCALOÏDES ARTIFICIELS............ 198

DEUXIÈME PARTIE. — LES GLUCOSIDES.

CHAPITRE PREMIER. — GÉNÉRALITÉS................ 213
I. Définition.............................. 213
II. Historique............................. 213
III. Fonction chimique des glucosides.......... 216
IV. Préparation des glucosides................ 217
V. Réactifs des glucosides 218
IV. Réaction des glucosides.................. 219
VII. Classement des glucosides d'après les familles botaniques auxquelles ils appartiennent... 219
VIII. Classement des glucosides d'après leurs propriétés physiologiques et thérapeutiques.. 222

CHAPITRE II. — GLUCOSIDES....................... 226

TROISIÈME PARTIE. — LES PRINCIPES AMERS, LES CORPS NEUTRES

LES CORPS NEUTRES 286

INDEX ALPHABÉTIQUE DES MATIÈRES.................. 300

5879-93. — CORBEIL Imprimerie CRÉTÉ.

FORMULAIRE
DES ALCALOÏDES ET DES GLUCOSIDES

PREMIÈRE PARTIE

LES ALCALOÏDES

CHAPITRE PREMIER

GÉNÉRALITÉS

§ 1er. — **Définitions.**

Les alcaloïdes ou alcalis organiques sont des composés analogues à l'ammoniaque et aux bases minérales, susceptibles de neutraliser les acides directement et sans décomposition et de donner naissance à des sels définis. De plus, ils fixent, quand ils forment des sels avec des oxacides, l'équivalent d'eau nécessaire à la constitution du sel et qui ne peut en être chassé sans que la nature de celui-ci soit altérée.

Tous les alcaloïdes renferment dans leur composition du carbone, de l'azote et de l'hydrogène et la plupart d'entre eux renferment en outre de l'oxygène.

Les alcaloïdes peuvent être rangés en deux classes :

la première contient les *alcaloïdes naturels*, c'est-à-dire extraits d'une plante; la seconde comprend les *alcaloïdes artificiels* préparés synthétiquement par la main des hommes ou formés de combinaisons de corps extraits du goudron de houille.

On peut classer les alcaloïdes naturels en deux groupes, d'abord les *alcaloïdes volatils* sans décomposition qui ne contiennent pas d'oxygène, exemple la nicotine $C^{20}H^{14}Az^{2}$; le second groupe comprend les *alcaloïdes naturels non volatils* ayant de l'oxygène dans leur composition, exemple la quinine $C^{40}H^{24}Az^{2}O^{4}$.

Cette distinction en groupes peut se faire encore dans les alcaloïdes artificiels. Exemple : alcaloïde artificiel volatil, quinoléine $C^{18}H^{7}Az$ et alcaloïde artificiel non volatil ou fixe, la névrine $C^{10}H^{15}AzO^{4}$.

§ 2. — **Historique.**

En 1803, Derosne signalait dans l'opium une substance cristalline à laquelle il reconnut un caractère alcalin.

Verkierner, en 1817, établit l'alcalinité de la morphine, premier alcaloïde organique caractérisé comme tel. La même année Pelletier isolait l'émétine, Brandes les alcaloïdes des solanées vireuses, Desfosses la solanine de la morelle, Séguin la morphine, Derosne la narcotine. En 1818, Pelletier et Caventou découvraient la strychnine; dans l'année 1819 Lassaigne signalait la delphine.

C'est en 1820 qu'eut lieu la découverte de la quinine par Pelletier et Caventou, découverte immense qui remplit de gloire leurs auteurs et la science française. Ils isolèrent successivement jusqu'en 1823 la cinchonine, la vératrine. Dumas fit l'analyse de ces corps.

En 1820, Brandes isole la conine de la ciguë; en 1825, Vauquelin et Robiquet isolent la nicotine; en 1830, Fauré de (Bordeaux) isole la buxine. Mein, pharmacien à Neustad, isole l'atropine cristallisée. Geiger et Hesse font connaître l'hyosciamine et la daturine.

Pour les alcaloïdes artificiels, Würtz, en 1840, avait fait connaître une méthode de synthèse de ces corps et, en 1842, Zinin, savant russe, découvrit le premier une base retirée des goudrons de houille.

Depuis cette époque, de nombreux savants se sont occupés à isoler les principes actifs.

En France, Duquesnel, Tanret, Heckel et Schlagdenhaufen, Arnaud, Nativelle, Houdé ont fait des découvertes d'alcaloïdes très précieux pour la thérapeutique.

Dans d'autres pays européens, Fluckliger, Gregory, Hesse, Ladenburg, Merck, Vulpius, Liebig, Hoffmann, et en Amérique le Dr Parodi, le Dr Prakolt, le Dr Lyons ont isolé un grand nombre d'alcaloïdes.

§ 3. — **Fonction chimique des alcaloïdes.**

Au point de vue chimique, les alcaloïdes peuvent se diviser en trois séries.

Dans une première série, il convient de placer les alcaloïdes constitués par un *noyau pyridique*; soit noyau pyridique réduit, soit noyau pyridique sur lequel serait venu se fixer par substitution un ou plusieurs produits de la série grasse.

Dans une deuxième série, on rangerait les alcaloïdes qui, à côté d'un noyau pyridique, renferment un *noyau aromatique*.

Dans une troisième série trouveraient place les *alcaloïdes qui se rapprochent des amides*.

D'après M. Chastaing, un alcali naturel monoazoté et tertiaire soit A avec un iodure alcoolique donnera :

$$A + RI = A \begin{matrix} \diagup R \\ \diagdown I \end{matrix}$$

et un alcali diazoté et diacide doit pouvoir fixer deux iodures alcooliques; c'est ainsi que, d'après Ekraut, la quinine donne :

$$Q + 2RI = Q \begin{matrix} \diagup R \\ \diagdown I \\ \diagup R \\ \diagdown I \end{matrix}$$

De même que le bromure d'éthylène (at) $C^2H^4Br^2$ doit pouvoir donner avec un alcali monoazoté et tertiaire un bromure de brométhylène de l'alcali :

$$A + C^2H^4Br^2Br = A \begin{matrix} \diagup C^2H^4Br \\ \diagdown Br \end{matrix}$$

Si on fait agir l'hydrogène à l'état naissant sur les alcaloïdes fixes on obtient des hydroalcaloïdes. Ex. :

$$\underset{\text{Quinine.}}{C^{40}H^{24}Az^2O^4} + H^2O^2 = \underset{\text{Hydroquinine.}}{C^{40}H^{26}Az^2O^6}.$$

C'est le cas d'hydratation par fixation d'eau. Ex. :

$$\underset{\text{Berbérine.}}{C^{40}H^{17}AzO^8} + 2H^2 = \underset{\text{Hydroberbérine.}}{C^{40}H^{21}AzO^8}.$$

Dans ce cas on a fixé de l'hydrogène seulement.

Les acides ont sur les alcaloïdes une action intéressante. Avec l'acide chlorhydrique la morphine forme de l'apomorphine en séparant de l'eau. Ex. :

$$C^{34}H^{19}AzO^6 = C^{34}H^{17}AzO^4 + H^2O^2.$$

L'atropine est dédoublée par l'acide chlorhydrique

concentré. Ce dédoublement, opéré par Ladenburg, offre cet avantage singulier que les deux composants, tout en ayant l'action mydriatique de l'atropine, ne sont pas toxiques. Ex. :

$$C^{34}H^{25}AzO^{6} + H^{2}O^{2} = C^{16}H^{15}AzO^{2} + C^{18}H^{10}O^{6}.$$

Atropine. Tropine. Acide tropique.

La cocaïne donne de même avec HCl de l'ecgonine, de l'alcool néthylique et de l'acide benzoïque. Ex. :

$$C^{34}H^{21}AzO^{8} + 2H^{2}O^{2} = C^{18}H^{15}AzO^{6} + C^{2}H^{4}O^{2} + C^{14}H^{6}O^{4}.$$

Cocaïne. Ecgonine.

Inversement on fait la synthèse de la cocaïne avec l'ecgonine en fixant les éléments de l'eau en présence de l'acide benzoïque et de l'alcool méthylique.

L'acide azotique en oxydant transforme certains alcaloïdes. Ex. :

$$C^{22}H^{16}Az^{2}O^{4} + O^{2} - C^{2}H^{4} = C^{20}H^{12}Az^{2}O^{6}.$$

Pilocarpine. Jaborandine.

Cette action oxydante, faite par M. Chastaing, coïncide avec un alcaloïde naturel extrait par Parodi d'un faux jaborandi. L'hydrastine donne un autre alcaloïde, l'hydrastinine, par l'action de l'acide azotique.

§ 4. — Préparation des alcaloïdes. Méthodes principales.

Première méthode de Pelletier et Caventou. — Les végétaux sont réduits en poudre grossière en concassant la substance et la passant au tamis. On fait plusieurs décoctions avec de l'eau additionnée d'un peu d'acide chlorhydrique ou d'acide sulfurique. On passe sur une toile et après refroidissement on ajoute au liquide un lait de chaux ou de magnésie en versant peu à peu jusqu'à léger excès. Le précipité est formé d'alcaloïde, de matières colorantes et d'excédent de base minérale. Le précipité est jeté sur une toile, essoré et comprimé, le tourteau obtenu est séché à l'étuve, pulvérisé et épuisé par l'alcool en vase clos et au bain-marie. La solution alcoolique est filtrée et distillée. Le résidu de la distillation abandonne peu à peu des cristaux de l'alcaloïde. L'alcaloïde ainsi obtenu est coloré, on le reprend par un peu d'eau acidulée et on décolore par le noir animal. La liqueur filtrée est précipitée de nouveau par un alcali minéral et l'alcaloïde que l'on recueille est incolore.

Deuxième méthode de Pelletier et Caventou. — Au lieu de faciliter la solution des sels d'alcaloïdes qui existent dans les plantes par addition d'acide, on procède d'une manière inverse.

On décompose le sel d'alcaloïde par un alcali (chaux ou chaux sodée), et on traite le tout par un dissolvant approprié. On mélange le produit végétal en poudre grossière avec de la chaux; on dessèche au bain-marie et on traite par l'alcool bouillant et on laisse cristalliser l'alcaloïde par évaporation ou par distillation. Le produit obtenu par cette première opération est loin d'être pur et contient des résines, mais l'opération est facile. On transforme l'alcaloïde en sel soluble et on filtre. De ce sel, on retire l'alcaloïde à l'aide d'un alcali et d'un dissolvant approprié.

Cette méthode offre des variantes : ainsi, pour mettre en liberté l'alcaloïde, au lieu de chaux divers auteurs, MM. Landrin et de Vrij, ont proposé une solution de soude caustique ou de l'ammoniaque liquide. Pour enlever l'alcaloïde libre, divers auteurs ont proposé l'éther, l'éther de pétrole, le chloroforme, la benzine, l'huile lourde de pétrole.

Troisième méthode : de Stas. — Cette méthode sera employée plus loin dans la recherche toxicologique des alcaloïdes (page 10).

Quatrième méthode : de Dragendorf. — On pulvérise en poudre très fine la plante à étudier, on la place dans un appareil à déplacement, d'abord avec de l'éther de pétrole qui enlève l'essence et les corps gras par une macération de un jour, puis par de l'éther qui enlève les résines et la chlorophylle par une macération de 7 à 8 jours; enfin par de l'alcool absolu par une macération de 7 jours, et dans l'extrait alcoolique, on recherche les alcaloïdes. Pour cela, on divise cet extrait en 3 parties : l'une est traitée par de l'eau acidulée par de l'acide chlorhydrique, la seconde par de l'eau alcalinisée, la troisième par de l'eau distillée. Chacune de ces parties aqueuses est traitée successivement par agitation dans un flacon bien bouché avec de l'éther, de la benzine et du chloroforme. Les liquides volatils sont mis dans des petits verres. Après évaporation de chaque véhicule, on recherche dans lesquels de ces petits verres on trouve des résidus et on recherche les alcaloïdes par les réactifs spéciaux.

Cinquième méthode. — Cas d'un alcaloïde volatil. — Les feuilles de la plante sont pulvérisées grossièrement, on les épuise par l'eau, puis on évapore jusqu'à consistance d'extrait ; on reprend cet extrait aqueux par l'alcool, puis on le concentre après filtration en extrait alcoolique. Ce nouvel extrait est traité par de la potasse, puis agité avec de l'éther. A la dissolution éthérée, on ajoute de l'acide oxalique en poudre fine et l'on agite fréquemment, il se forme un oxalate d'alcaloïde insoluble que l'on recueille et qu'on lave à l'éther. L'oxalate d'alcaloïde est traité par la potasse et l'on fait agir de nouveau l'éther qui sépare l'alcaloïde. La solution éthérée est soumise à la distillation dans une cornue au bain-marie, la plus grande partie de l'éther distille rapidement, mais les dernières traces ne se dégagent pas à 100°, il s'y trouve en outre une petite quantité d'ammoniaque et d'eau, qui ne se séparent qu'à une température plus élevée. Il faut maintenir la cornue pendant un jour entier à une température de 140° en la faisant traverser par un faible courant d'hydrogène, après quoi on change le récipient et on élève la température jusqu'à 180° pour recueillir l'alcaloïde volatil au milieu d'un courant d'hydrogène.

Sixième méthode. — En outre de ces méthodes, qui sont générales, on a préconisé diverses méthodes d'extraction d'alcaloïdes, telles que :

L'emploi de l'acétate de plomb (Pelletier et Caventou). Cette méthode est à mon avis préférable pour l'extraction des glucosides.

La méthode de précipitation par le tannin, puis le traitement du tannate d'alcaloïde par la chaux ou l'oxyde de plomb et enfin lixiviation par un dissolvant.

Enfin, M. Duquesnel a présenté pour l'isolement de l'aconitine, M. Tanret de la pelletiérine et de l'ergotinine et M. Houdé de la colchicine, des méthodes particulières que nous exposerons à propos de chacun de ces corps.

§ 5. — Réactifs généraux des alcaloïdes.

Ces réactifs sont nombreux. Les principaux sont :

Tannin. — En solution aqueuse. Précipité blanc.

Iodure de potassium iodé. Solution aqueuse. Précipité jaune blanc.

Réactif de Mayer. — S'obtient en dissolvant $13^{gr}55$, de chlorure de mercure dans une solution de $49^{gr},80$ d'iodure de potassium dans 1 litre d'eau (1).

Réactif de Dragendorf. — On mélange 3 parties d'iodure de potassium, 16 parties d'iodure de bismuth et 3 parties d'acide chlorhydrique.

Réactif de Marmé. — Même préparation en remplaçant l'iodure de bismuth par l'iodure de cadmium.

Chlorure de platine. Chlorure d'or.	Donnent des sels doubles d'alcaloïdes qui donnent des renseignements utiles sur le poids moléculaire de l'alcaloïde.

Réactif de Schultze. — On ajoute 10 parties de perchlorure d'antimoine à une solution de 30 parties de phosphate de soude. La solution alcaloïdique doit être acide.

Acide picrique. — Une solution aqueuse d'acide picrique donne avec les alcaloïdes un précipité jaune cristallin qui est caractéristique et dont la cristallisation varie d'une façon définie avec chaque alcaloïde.

On a préconisé beaucoup d'autres réactifs, mais les indications données par ceux-ci sont largement suffisantes pour caractériser la présence ou l'absence d'un alcaloïde.

§ 6. — **Réactions générales des alcaloïdes.**

Lorsque dans un verre de montre on dispose un cris-

(1) MM. Tanret et Winckler ont préconisé des réactifs ayant les mêmes composants que le réactif de Mayer, mais à doses diverses.

tal d'un alcaloïde et qu'à l'aide d'une baguette trempée dans un acide, on verse dessus une goutte d'acide ou de solutions spéciales, on obtient des colorations tantôt fixes, tantôt variables. On emploie ainsi l'acide sulfurique, l'acide azotique, l'acide chlorhydrique, l'acide sulfurique auquel on ajoute un cristal d'acide chromique, enfin, de l'eau iodée et de l'eau bromée, le perchlorure de fer, le chlorure d'or. On dispose dans plusieurs verres de montre un cristal de l'alcaloïde et on ajoute dans chacun la série de ces réactifs. On observe la coloration qui se produit et qui est caractéristique pour tel ou tel alcaloïde que nous indiquerons plus loin, à l'histoire de chacun d'eux.

§ 7. — Recherche toxicologique des alcaloïdes.

Méthode de Stas. — On traite la matière sèche, l'extrait ou le liquide dans lequel on veut rechercher ou préparer un alcaloïde par de l'alcool pur et le plus concentré possible, auquel on ajoute de l'acide tartrique jusqu'à réaction franchement acide; on introduit le mélange dans un ballon et on chauffe jusqu'à 70 ou 75°. Après refroidissement complet, on jette le tout sur un filtre, on lave avec de l'alcool absolu le filtre et le résidu et on évapore les liqueurs filtrées dans le vide ou dans un courant d'air à une température ne dépassant pas 35°. On reprend l'extrait alcoolique acide dans la plus petite quantité d'eau possible et on introduit la solution dans un petit flacon éprouvette et on ajoute peu à peu du carbonate de soude ou du bicarbonate de soude pur et pulvérisé jusqu'à ce qu'une nouvelle quantité ajoutée ne donne plus dégagement d'acide carbonique. On agite alors le tout avec quatre ou cinq fois son volume d'éther et on abandonne au repos. Quand l'éther surnageant est parfaitement éclairci, on en décante une petite partie dans une capsule de verre, on l'abandonne dans un lieu bien sec, à l'évaporation spontanée.

Premier cas. — Si ce résidu est une matière liquide noirâtre, nauséeuse, on fait l'isolement à l'aide de la méthode expliquée plus haut. Préparation des alcaloïdes volatils.

Deuxième cas. — Le résidu contient un alcaloïde solide et fixe. Après l'évaporation de l'éther, on trouve dans la capsule un corps solide ou une liqueur incolore, laiteuse, tenant des corps solides en suspension, elle bleuit le papier de tournesol. On ajoute alors quelques gouttes d'acide sulfurique très dilué et on promène cette solution autour de la capsule pour former un sulfate soluble d'alcaloïde et on filtre sur un filtre Berzélius mouillé qui retient les résines et les matières grasses. On lave la capsule et le filtre à l'eau acidulée, on réunit les liqueurs acides et on les évapore aux trois quarts dans le vide. On verse alors dans le résidu une solution concentrée de carbonate de potasse pur et on traite le tout par de l'alcool anhydre qui dissout l'alcaloïde et laisse le sulfate de potasse. L'évaporation de l'alcool abandonne l'alcaloïde cristallisé.

§ 8. — Classement des alcaloïdes d'après les familles botaniques auxquelles ils appartiennent.

Amaryllidacées :

Amarylline.	Cardiaque, émétique.
Bélamarine.	—

Anonacées :

Asiminine.	Anesthésique.

Apocynacées :	
Alstonidine.	Fébrifuge.
Alstonine.	—
Chlorogénine.	—
Conessine.	Vermifuge, fébrifuge.
Ditaïne.	Fébrifuge.
Ditamine.	—
Échitamine.	—
Échiténine.	—
Geissospermine.	Fébrifuge, cardiaque.
Guachamacine.	Toxique convulsivant.
Malouétine.	—
Oléandrine.	Cardiaque.
Paréirine.	Fébrifuge.
Porphyrine.	—
Québrachine.	Andidypsnéique.
Wrightine.	Vermifuge, fébrifuge.
Berbéridées :	
Berbérine.	Fébrifuge, diaphorétique.
Oxyacanthine.	Fébrifuge.
Bixacées :	
Carpaïne.	Cardiaque.
Byttnériacées :	
Théobromine.	Stimulant, diurétique.
Cactacées :	
Cactine.	Cardiaque.
Célastracées :	
Buxine.	Fébrifuge.
Katine.	Anesthésique, stimulant.
Champignons :	
Ergotinine.	Hémostatique.
Colchicacées :	
Cévadine.	Diurétique, stimulant nerveux.
Colchicine.	Antigoutteux.
Vératrine.	Sternutatoire, diurétique, stimulant.
Composées :	
Achilléine.	Fébrifuge.

Parthénine.	Fébrifuge.
Conifères :	
Taxine.	Cardiaque.
Cucurbitacées :	
Élatérine.	Purgatif drastique.
Trianospermine.	—
Érythroxylées-Linacées :	
Cocaïne.	Anesthésique.
Hygrine.	Mydriatique.
Isatropylcocaïne.	Toxique du cœur.
Euphorbiacées :	
Drumine.	Anesthésique.
Ricinine.	Toxique sanguin.
Fumariacées :	
Corydaline.	Diurétique.
Fumarine.	Stomachique.
Gnétacées :	
Éphédrine.	Anesthésique.
Granatées :	
Pelletiérine.	Anthelminthique.
Lauracées :	
Bébéerine.	Fébrifuge.
Bébirine.	—
Nectandrine.	—
Sipérine.	—
Légumineuses :	
Anagyrine.	Toxique, cardiaque.
Baptitoxine.	Toxique, paralysant.
Calabarine.	Antimydriatique.
Cytisine.	Éméto-cathartique, poison curarisant.
Érythrocoralloïdine.	Hypnotique.
Érythrophléine.	Toxique, cardiaque.
Ésérine.	Antimydriatique.
Lupinine.	Fébrifuge.
Physostygmine.	Antimydriatique.
Spartéine.	Cardiaque.

Sucupirine.	Mydriatique.
Trigonelline.	Tonique.
Ulexine.	Toxique convulsivant.
Liliacées :	
Alétrine.	Éméto-cathartique, toxique.
Impérialine.	Cardiaque.
Jervine.	Sternutatoire, diurétique, stimulant nerveux.
Tulipine.	Cardiaque, sialagogue.
Lobéliacées :	
Lobéline.	Antidyspnéique.
Lycopodiacées :	
Lycopodine.	Diurétique.
Piligaline.	Toxique, émétique.
Magnoliacées :	
Tulipiférine.	Fébrifuge.
Méliacées :	
Athérospermine.	Diaphorétique.
Narégamine.	Émétique.
Ménispermacées :	
Cissampéline.	Diurétique, fébrifuge.
Pélaïne.	—
Monimiacées :	
Boldine.	Hypnotique.
Nymphéacées :	
Nupharine.	Antidiarrhéique.
Ombellifères :	
Cicutine.	Calmant.
Conicine.	—
Conine.	—
Palmiers :	
Arécaïne.	Toxique.
Arécoline.	Vermifuge.
Papavéracées :	
Chélérythrine.	Hypnotique, calmant.
Chélidonine.	—
Codamine.	—

Codéïne.	Hypnotique, calmant.
Cryptopine.	—
Gnoscopine.	—
Hydrocotarnine.	—
Lanthopine.	—
Laudanine.	—
Laudanosine.	—
Maclégine.	—
Méconidine.	—
Morphine.	—
Narcéine.	—
Narcotine.	—
Papavérine.	—
Protopine.	—
Pseudo-morphine.	—
Rhéadine.	—
Sanguinarine.	—
Thébaïne.	—
Pipéracées :	
Pipéridine.	Stimulant nerveux.
Pipérine.	Fébrifuge.
Polygalacées :	
Angéline.	Fébrifuge, tonique.
Ratanhine.	—
Renonculacées :	
Aconitine.	Calmant.
Atisine.	Fébrifuge.
Coptine.	—
Delphine.	Sternutatoire, cardiaque.
Hydrastine.	Cardiaque, fébrifuge, hémostatique.
Japaconitine.	Calmant.
Thalictrine.	Sédatif.
Rubiacées :	
Araribine.	Fébrifuge.
Aricine.	—
Caféine.	Stimulant.
Cinchonamine.	Fébrifuge.
Cinchonicine.	—

Cinchonidine.	Fébrifuge.
Cinchonine.	—
Doundakine.	—
Émétine.	Émétique.
Ésenbeckine.	Fébrifuge.
Hyménodyctine.	—
Javanine.	—
Paricine.	—
Quinicine.	—
Quinidine.	—
Quinine.	—
Rutacées :	
Angusturine.	Fébrifuge.
Cusparine.	—
Galipéine.	—
Harmaline.	—
Harmine.	Diaphorétique.
Picramnine.	Mydriatique.
Pilocarpine.	Antimydriatique, diaphorétiq.
Scrofulariacées :	
Manacine.	Excitant, diurétique.
Solanacées :	
Atropamine.	Hypnotique, sédatif.
Atropine.	Sédatif, mydriatique.
Capsicine.	Rubéfiant, purgatif.
Duboisine.	Sédatif, mydriatique.
Hyoscine.	Calmant.
Hyoscyamine.	Calmant, mydriatique.
Nicotine.	Toxique.
Strychnées :	
Brucine.	Stimulant nerveux, toxique convulsivant.
Curarine.	Toxique paralysant.
Geissospermine.	Sédatif nerveux.
Paréirine.	Sédatif nerveux.
Strychnine.	Stimulant nerveux, toxique convulsivant.
Styracées :	
Loturine.	Fébrifuge.

Ternstrœmiacées :
Théine. Stimulant.

Urticacées :
Cannabine. Hypnotique.

Verbénacées :
Lantanine. Fébrifuge.

Violariacées :
Anchiétine. Sialagogue.

§. 9. — Classement des alcaloïdes d'après leurs propriétés physiologiques et thérapeutiques.

Anesthésiques :
Asiminine. *Asimina triloba.*
Boldine. *Boldoa fragrans.*
Cocaïne. *Erythroxylum Coca.*
Drumine. *Euphorbia Drumondii.*
Éphédrine. *Ephedra vulgaris.*
Érythrophlœine. *Erythrophlœum guineense.*
Katine. *Catha edulis.*

Anthelminthiques, vermifuges :
Arécoline. *Areca Catechu.*
Conessine. *Wrightia antidyssenteria.*
Lupinine. *Lupinus albus.*
Pelletiérine. *Punica Granatum.*
Wrightine. *Wrightia antidyssenterica.*

Antidiarrhéiques :
Ditamine. *Alstonia constricta.*
Nupharine. *Nuphar lutea.*

Antidypsnéiques :
Aspidospermine. *Aspidosperma Quebracho.*
Lobéline. *Lobelia inflata.*
Québrachine. *Aspidosperma Quebracho.*

Antigoutieux :
Colchicine. *Colchicum autumnale.*

Antimydriatiques :

Calabarine.	*Physostygma venenosum.*
Ésérine.	—
Physostigmine.	—
Pilocarpine.	*Pilocarpus pennatifolius.*
Calmants :	Voy. *Hypnotiques.*
Cardiaques :	
Amarylline.	*Amaryllis formosissima.*
Bélamarine.	*Amaryllis Belladonna.*
Cactine.	*Cactus grandiflorus.*
Carpaïne.	*Carica Papaya.*
Delphine.	*Delphinium Consolida.*
Érythrophlœine.	*Erythrophlœum guineense.*
Geissospermine.	*Geissospermum læve.*
Hydrastine.	*Hydrastis canadensis.*
Impérialine.	*Fritillaria imperialis.*
Oléandrine.	*Nerium Oleander.*
Paréirine.	*Geissospermum læve.*
Spartéine.	*Spartium scoparium.*
Taxine.	*Taxus bacata.*
Tulipine.	*Tulipa vulgaris.*
Diaphorétiques :	
Athérospermine.	*Atherosperma moschata.*
Berbérine.	*Berberis vulgaris.*
Harmaline.	*Peganum Harmala.*
Harmine.	—
Pilocarpine.	*Pilocarpus pennatifolius.*
Diurétiques :	
Cévadine.	*Veratrum Sabadilla.*
Cissampéline.	*Cissampelos Pareira.*
Corydaline.	*Corydalis vulgaris.*
Jervine.	*Veratrum Sabadilla.*
Lycopodine.	*Lycopodium clavatum.*
Manacine.	*Franciscea uniflora.*
Pélaïne.	*Cissampelos Pareira.*
Pélosine.	—
Théobromine.	*Theobroma Cacao.*
Ulexine.	*Ulex europæus.*
Vératrine.	*Veratrum album*
Drastiques :	

Élatérine.	*Momordica Elaterium.*
Trianosermine.	*Trianospermum filicifolium.*
Émétiques :	
Amarylline.	*Amaryllis formosissima.*
Bélamarine.	*Amaryllis Belladonna.*
Émétine.	*Cephalis Ipecacuanha.*
Narégamine.	*Naregamia alata.*
Piligaline.	*Lycopodium Saururus.*
Éméto-cathartiques :	
Alétrine.	*Aletris farinosa.*
Cytisine.	*Cytisus wolgaricus.*
Excitants.	Voy. *Stimulants.*
Fébrifuges :	
Achilléine.	*Achillea moschata.*
Alstonidine.	*Alstonia constricta.*
Alstonine.	—
Angéline.	*Krameria triandra.*
Angusturine.	*Galipea officinalis.*
Araribine.	*Arariba rubra.*
Aricine.	*Cinchona Arica.*
Atisine.	*Aconitum heterophyllum.*
Bébéerine.	*Nectandra Roediei.*
Bébirine.	—
Berbérine.	*Berberis vulgaris.*
Buxine.	*Buxus sempervirens.*
Chlorogénine.	—
Cinchonamine.	*Cinchonas* divers.
Cinchonicine.	—
Cinchonidine.	—
Cinchonine.	—
Cinchovatine.	—
Cinchovine.	—
Cissampéline.	*Cissampelos Pareira.*
Conessine.	*Wrightia antidyssenterica.*
Coptine.	*Coptis anemonæfolia.*
Cusparine.	*Galipea officinalis.*
Ditaïne.	*Alstonia scholaris.*
Ditamine.	—
Doundakine.	*Sarcocephalus esculentus.*

Échitamine.	*Alstonia scholaris.*
Échiténine.	—
Esenbéckine.	*Esenbeckia febrifuga.*
Galipéïne.	*Galipea officinalis.*
Geissospermine.	*Geissospermum læve.*
Hydrastine.	*Hydrastis canadensis.*
Hyménodyctine.	*Hymenodictyon excelsum.*
Javanine.	*Cinchona Javanica.*
Lantanine.	*Lantana Camara.*
Loturine.	*Symplocos racemosa.*
Lupinine.	*Lupinus albus.*
Nectandrine.	*Nectandra Roediei.*
Oxyacanthine.	*Berberis vulgaris.*
Paréirine.	*Geissospermum læve.*
Parisine.	*Cinchona Jean Fusca.*
Parthénine.	*Parthenium Hysterophorus.*
Pélaïne.	*Cissampelos Pareira.*
Pélosine.	—
Pipérine.	*Piper nigrum.*
Porphyrine.	*Papaver somniferum.*
Quinicine.	*Cinchonas* divers.
Quinidine.	—
Quinine.	—
Ratanhine.	*Krameria triandra.*
Sipérine.	*Nectandra Roediei.*
Tulipiférine.	*Liriodendron tulipifera.*
Wrightine.	*Wrightia antidyssenterica.*
Xanthoxyline.	*Xanthoxylum fraxineum.*
Hémostatiques :	
Ergotinine.	*Sclerotium clavus.*
Hydrastine.	*Hydrastis canadensis.*
Hypnotiques (*calmants, narcotiques, sédatifs*) *:*	
Aconitine.	*Aconitum Napellus.*
Atropamine.	*Atropa Belladonna.*
Atropine.	—
Boldine.	*Boldoa fragrans.*
Cannabine.	*Cannabis indica.*
Chélérythrine.	*Chelidonium majus.*
Chélidonine.	—
Cicutine.	*Cicuta major.*

Codamine.	*Papaver somniferum.*
Codéïne.	—
Conicine.	*Cicuta major.*
Conine.	—
Cryptopine.	*Papaver somniferum.*
Duboisine.	*Hyoscyamus niger, Duboisia myoporoides.*
Érythrocoralloïdine.	*Érythrina Corallodendron.*
Geissospermine.	*Geissosperma læve.*
Gnoscopine.	*Papaver somniferum.*
Hydrocotarnine.	—
Hyoscine.	*Hyoscyamus niger.*
Hyoscyamine.	—
Japaconitine.	*Aconitum japonicum.*
Lanthopine.	*Papaver somniferum.*
Laudanine.	—
Laudanosine.	*Papaver somniferum.*
Maclégine.	—
Méconidine.	—
Morphine.	—
Narcéine.	—
Narcotine.	—
Papavérine.	—
Sarcirine.	—
Pseudo-morphine.	—
Rhœadine.	*Papaver Rhœas.*
Sanguinarine.	*Sanguinaria vulgaris.*
Thalictrine.	*Thalictrum vulgare.*
Thébaïne.	*Papaver Rhœas.*
Mydriatiques :	
Atropine.	*Atropa Belladonna.*
Duboisine.	*Duboisia myoporoides.*
Hygrine.	*Erythroxylum Coca.*
Hyoscyamine.	*Hyoscyamus niger.*
Picramnine.	*Picramnia antidesma.*
Sucupirine.	*Bowdichia major.*
Narcotiques.	Voy. *Hypnotiques.*
Purgatifs :	
Capsicine.	*Capsicum annuum.*

Élatérine.	*Momordica Elaterium.*
Trianospermine.	*Trianospermum filicifolium.*
Rubéfiants :	
Capsicine.	*Capsicum annuum.*
Sédatifs.	Voy. *Hypnotiques.*
Sialagogues :	
Anchiétine.	*Anchietea salutaris.*
Pilocarpine.	*Pilocarpus pennatifolius.*
Tulipine.	*Tulipa vulgaris.*
Sternutatoires :	
Delphine.	*Delphinium Consolida.*
Jervine.	*Veratrum Sabadilla.*
Vératrine.	*Veratrum album.*
Stimulants :	
Brucine.	*Strychnos nux vomica.*
Caféine.	*Coffea arabica* et divers.
Cévadine.	*Veratrum Sabadilla.*
Delphine.	*Delphinium Consolida.*
Jervine.	*Veratrum Sabadilla.*
Katine.	*Catha edulis.*
Manacine.	*Franciscea uniflora.*
Pipéridine.	*Piper nigrum.*
Strychnine.	*Strychnos nux vomica.*
Théine.	*Thea sinensis.*
Théobromine.	*Theobroma Cacao.*
Vératrine.	*Veratrum album.*
Stomachiques :	
Fumarine.	*Fumaria officinalis.*
Toniques :	
Angéline.	*Krameria triandra.*
Ratanhine.	*Krameria triandra.*
Trigonelline.	*Trigonella Fœnum græcum.*
Toxiques :	
Alétrine.	*Aletris farinosa.*
Anagyrine.	*Anagyris fœtida.*
Arécaïne.	*Areca Catechu.*
Baptitoxine.	*Baptisia tinctoria.*
Brucine.	*Strychnos nux vomica.*

Curarine.	*Strychnos gaultheriana.*
Cytisine.	*Cytisus Laburnum.*
Erythrophléine.	*Erythrophlœum guineense.*
Guachamacine.	*Malouetia nitida.*
Isatropelcocaïne.	*Erythrophlœum Coca.*
Malonétine.	*Malouetia nitida.*
Nicotine.	*Nicotiana Tabacum.*
Piligaline.	*Lycopodium Saururus.*
Ricinine.	*Ricinus communis.*
Strychnine.	*Strychnos nux vomica.*
Ulexine.	*Ulex europaeus.*
Vermifuges.	Voy. *Anthelminthiques.*

§ 10. — Classement des alcaloïdes de l'opium par l'intensité physiologique (Claude Bernard).

1° *Propriété soporifique par ordre décroissant :*

Narcéine.
Morphine.
Codéine.

La narcotine, la papavérine et la thébaïne ne jouissent pas de cette propriété.

2° *Pouvoir convulsivant par ordre décroissant :*

Thébaïne.
Papavérine.
Narcotine.
Codéine.
Morphine.
Narcéine.

3° *Action toxique par ordre décroissant.*

Thébaïne.
Codéine.
Papavérine.
Narcéine.
Morphine.
Narcotine.

§ 11. — État de pureté des alcaloïdes employés en thérapeutique.

Doit-on employer les alcaloïdes cristallisés, ou doit-on prescrire les alcaloïdes amorphes?

D'après M. le Dr Bardet (1), l'emploi thérapeutique des alcaloïdes et des glucosides d'origine végétale est des plus utiles. Cependant, dans de nombreux cas, le médecin n'ose pas avoir recours à ces agents, soit que leur posologie ne soit pas encore établie, soit, surtout, parce qu'il craint de ne pas obtenir ces médicaments, si dangereux, à l'état de pureté parfaite.

La première proposition qui découle de cette constatation générale, c'est qu'un grand nombre d'alcaloïdes dont les propriétés physiologiques sont mal connues, la pureté chimique inconstante, devraient être abandonnés dans la pratique.

Prenons, par exemple, les alcaloïdes extraits des solanées : atropine, hyosciamine, hyoscine, daturine, duboisine, solanine. Parmi ces corps, un seul a une composition constante et des propriétés physiologiques bien définies : l'atropine. Tous les autres sont, ou bien des atropines impures, ou bien, comme l'hyoscine, des corps sans propriétés bien définies. L'atropine seule doit donc être prescrite en thérapeutique.

On pourrait formuler les mêmes critiques à propos des alcaloïdes des quinquinas, de l'opium, etc.

Je crois donc pouvoir conclure que le médecin doit s'en tenir au maniement de quelques principes bien définis, lesquels, bien étudiés par les praticiens,

(1) Bardet, *Société de médecine et de chimie pratique.*

deviendront d'un usage journalier et seront employés sans crainte.

Le second point sur lequel M. Bardet attire l'attention est le suivant: « Le Codex prescrit au pharmacien de délivrer des alcaloïdes amorphes, quand le médecin ne spécifie pas, sur son ordonnance : alcaloïde cristallisé. Il y a là un danger, non pas dans le sens d'une action médicamenteuse incomplète, comme on pourrait le croire, mais bien parce que l'on court le risque de délivrer à dose plus forte et réputée inoffensive un principe aussi toxique que l'alcaloïde cristallisé. Mes recherches me permettent d'affirmer, en effet, que beaucoup d'alcaloïdes non cristallisés ou, pour parler plus exactement, cristallisables, sont aussi toxiques que les produits cristallisés extraits des mêmes plantes. Je l'ai prouvé pour l'atropine sirupeuse, pour l'aconitine et la digitaline non cristallisables.

» Si j'ajoute que, dans le commerce, on trouve souvent de prétendus alcaloïdes amorphes qui ne sont que des extraits mal définis, on comprendra que le médecin ne doit jamais faire entrer dans ses formules que des alcaloïdes cristallisés.

» Enfin, je crois que la nécessité d'un titrage physiologique des alcaloïdes s'impose. Il serait nécessaire, suivant moi, qu'on ne pût employer, pour les préparations pharmaceutiques, que des alcaloïdes ou des glucosides doués de propriétés physiologiques déterminées par l'expérimentation. »

A cette argumentation je répondrai que la Société de pharmacie tout entière, et le Codex qui en émane, effrayés de l'activité de certains alcaloïdes et glucosides ont maintenu la préparation des alcaloïdes amorphes :

1° A cause de l'adage de médecine que l'on oublie trop souvent : *primo non nocere;*

2° Toutes les expériences physiologiques et les dosages ont été faits avec les alcaloïdes amorphes. Il faudrait donc refaire entièrement l'action physiologique et la posologie de tous les alcaloïdes cristallisés, bien que l'usage de ceux-ci soit séduisant.

§ 12. — Dosage des alcaloïdes dans les médicaments.

Cette question mise à l'ordre du jour tant en France qu'en Allemagne, Belgique et Italie, prise en considération par les pharmacologistes et thérapeutes, a été traitée d'une façon magistrale par M. F. Ranwez, qui vient de la présenter à l'Académie royale de médecine de Belgique (1).

Les quantités de matières actives varient beaucoup dans les médicaments; elles varient avec la plante elle-même d'après la culture, le moment de la récolte, etc.; elles varient avec les parties de plantes employées, avec le mode de préparation, avec les soins apportés à la fabrication. La Pharmacopée exige pour les opiums, les quinquinas, etc., des quantités minima de principes actifs; pourquoi n'aurait-elle pas les mêmes exigences pour les médicaments galéniques fournis par ces drogues et pour ceux d'autres plantes comme la belladone, l'aconit, la jusquiame, la stramoine, la ciguë, etc., qui ne le cèdent en rien quant à l'activité héroïque de leurs constituants?

Méthodes employées. — Les méthodes usitées jusqu'à ce jour sont :

(1) Ranwez, *Notes sur le dosage des alcaloïdes dans les médicaments galéniques*. Bruxelles, F. Hayez, 1893.

1° *La préparation et le rendement p. 100 de l'alcaloïde contenu.* (Méthodes Pelletier, Duquesnel, Hesse.)

2° *Le titrage alcalimétrique.* C'est le procédé actuellement le plus en vogue ; il est d'ailleurs très simple, très pratique et très exact, au moins pour un certain nombre d'alcaloïdes, et particulièrement j'ai vérifié que, pour chacun des alcaloïdes que j'ai dû doser dans le cours de mes expériences, il donne de bons résultats. (Méthodes Léger, Adrian, Bardet.)

3° *La préparation d'une solution pure d'alcaloïde.* On extrait l'alcaloïde, on le débarrasse des matières étrangères au milieu desquelles il se trouve, et on le purifie. Les procédés de dosage proprement dit dépendent surtout de la nature de l'alcaloïde. Les méthodes d'extraction devront varier surtout avec la nature de l'espèce médicamenteuse, de la forme pharmaceutique.

Les procédés les plus importants, ceux qui sont le plus fréquemment suivis, sont : celui de Dieterich, celui de Beckurts et celui de Schweissinger et Sarnow.

Dieterich base sa méthode sur la mise en liberté de l'alcaloïde par la chaux en grand excès, et l'épuisement du mélange pulvérulent par l'éther dans un appareil à extraction continue.

Beckurts met l'alcaloïde en liberté par l'ammoniaque et l'extrait en totalité par agitation de la solution avec du chloroforme en renouvelant trois fois la provision de chloroforme.

La méthode de Schweissinger et Sarnow est une modification et une simplification de celle-ci. Ils emploient, au lieu du chloroforme, pour faciliter la séparation des couches liquides, un mélange de chloroforme et d'éther, agitent la solution ammoniacale d'alcaloïde avec une quantité mesurée de ce mélange ; après dépôt, ils prélèvent, au moyen d'une pipette, la moitié du liquide éthéré pour y titrer l'alcaloïde; on multiplie par deux le résultat obtenu.

Ces procédés sont tous trois très recommandables; la méthode de Dieterich est un peu longue, celle de Schweissinger et Sarnow est la plus simple et la plus rapide.

Méthode de F. Ranwez. — Grâce à cette méthode on peut doser l'alcaloïde dans des extraits bruns ou verts, c'est-à-dire contenant de la chlorophylle.

M. F. Ranwez explique sa méthode de la façon suivante : on pèse 5 grammes d'extrait dans une capsule, on le dissout au bain-marie dans 10 à 20 centimètres cubes d'alcool à 80°. On ajoute Q. S. d'eau acidulée d'acide chlorhydrique, environ 30 à 40 centimètres cubes. La capsule restant sur le bain-marie, l'évaporation continue et quand le liquide est réduit au quart, une nouvelle addition d'eau ramène le volume primitif; on évapore une seconde fois au quart, de façon à chasser tout l'alcool et à transformer la solution alcoolique primitive en solution aqueuse, en produisant la séparation complète de la chlorophylle. On amène la solution à 50 centimètres cubes, on jette sur un filtre sec et l'on recueille 40 centimètres cubes de liquide clair, que l'on évapore au bain-marie jusqu'à un volume de 8 à 10 centimètres cubes.

Ce liquide sirupeux est transvasé dans un flacon à l'émeri, allongé, d'une contenance d'environ 60 à 70 centimètres cubes. On rince la capsule avec de l'ammoniaque pour faire passer tout l'extrait dans le flacon. On vérifie par l'odorat, après agitation, si la solution d'extrait contient un grand excès d'ammoniaque; on ajoute 40 centimètres cubes d'un mélange de chloroforme et d'éther dans la proportion de 15 centimètres cubes de chloroforme pour 25 centimètres cubes d'éther; on agite à différentes reprises, on laisse déposer, puis on prélève, au moyen d'une pipette, 25 centimètres cubes de la solution éthérée claire surnageante. Il arrive, pour certains extraits, particulièrement pour ceux d'aconit, que la séparation des deux couches de liquide se fait difficilement ou même ne se fait pas du tout, le mélange prenant un aspect mucilagineux. Dans les cas où cette séparation résiste à un repos prolongé, on remédie avantageusement en soumettant à l'action de la chaleur (60 à 70 degrés) le flacon dont on a fortement fixé le bouchon. On ouvre seulement après refroidissement.

On introduit les 25 centimètres cubes de liqueur éthérée dans un matras d'Erlenmeyer, on distille au bain-marie jusqu'à ce qu'il ne reste plus dans le matras que quelques centimètres cubes de liquide, on achève l'évaporation à froid, en faisant passer un courant d'air dans le ballon. La distillation s'effectue moins pour recueillir l'éther et le chloroforme que pour empêcher les vapeurs de ce dernier liquide de venir se brûler à la flamme du gaz et remplir l'atmosphère d'acide chlorhydrique. On interrompt la distillation avant la fin, pour éviter de soumettre l'alcaloïde sec à l'action d'une température élevée (100 degrés).

Le résidu alcaloïdique presque incolore ou légèrement jaunâtre, est dissout dans quelques centimètres cubes d'alcool additionné de quelques gouttes d'une solution sensible de bleu de tournesol et titré au moyen de la solution d'acide sulfurique normale monovalente au centième.

Chaque centimètre cube de cette solution annonce :

0,00289 d'atropine ;
0,00289 d'hyoscyamine ;
0,00289 de daturine;
0,00533 d'aconitine.

On multiplie le chiffre correspondant d'alcaloïde par le nombre de centimètres cubes et le résultat multiplié par 40 donne la quantité d'alcaloïde contenu dans 100 grammes d'extrait.

M. Ranwez préfère comme indicateur le tournesol et recommande que le titrage ait lieu à l'abri des vapeurs acides ou ammoniacales.

Résultats de la méthode Ranwez.

a. *Extraits pharmaceutiques* (Extraits mous).

	1000 parties d'herbe donnent	
	Feuilles.	Tiges et bourgeons.
Aconit	524	476
Belladone	487	513
Jusquiame	634	366
Stramoine	352	648

	Rendement en extrait.		
	Pour 1 kilogr. de feuilles.	Pour 1 kilogr. de tiges et bourgeons.	Pour 1 kilogr. d'herbe.
Aconit	23,5	27,0	25,2
Belladone	14,5	16,4	15,5
Jusquiame	11,0	15,8	13,7
Stramoine	14,2	26,0	21,8

	Pour cent d'alcaloïdes dans les extraits de		
	Feuilles.	Tiges et sommités.	Herbes.
Belladone	4,348	2,712	3,513
Jusquiame	0,983	0,527	0,760
Stramoine	1,424	0,788	0,931
Aconit	2,610	1,705	2,140

b. *Teintures.*

	Alcaloïdes contenus dans un litre de teinture.
Aconit	0,978
Belladone	0,781
Jusquiame	0,183
Stramoine	1,285

c. *Alcoolatures.*

	Alcaloïdes contenus dans un litre d'alcoolature.
Alcoolature d'herbe d'aconit	0,521
— de belladone	0,443
— de jusquiame	0,247
— de stramoine	0,187

d. *Huiles.*

	Alcaloïdes par litre.
Huile de jusquiame	0,170
Huile de belladone	0,091

e. *Onguents.*

	Alcaloïdes pour 100 grammes.
Onguent de belladone préparé avec l'extrait.	0,167
— populeum	0,016
Emplâtre de belladone préparé avec l'extrait.	0,244
— de ciguë	0,067

CHAPITRE II

ALCALOÏDES NATURELS

Achilléine. — $C^{40}H^{28}Az^{2}O^{30}$.

PROV. — Alcaloïde retiré de l'*Achillea Millefolium*, Composées.

DESCR. — Substance amorphe, amère, jaune brun, soluble dans l'eau, l'alcool bouillant, les acides et l'ammoniaque. Insoluble dans l'éther.

RÉACTION. — Par ébullition avec sulfurique étendu, elle se dédouble en sucre, ammoniaque et achillétine.

L'achillétine $C^{22}H^{17}AzO^{8}$ est une poudre brun foncé insoluble dans l'eau et très difficilement soluble dans l'alcool.

PROPR. THÉR. — Cet alcaloïde a été découvert par Zanoni, a été étudié par lui au point de vue thérapeutique. L'achilléine est fébrifuge et a donné de bons résultats dans le traitement des fièvres intermittentes légères.

De plus elle est stimulante et antispasmodique.

MODE D'EMPLOI. — Doses. On l'emploie en pilules ou en cachets de 0gr,10. De 1 à 3 par jour.

Aconitine. — $C^{66}H^{43}AzO^{24}$.

PROV. — Racine de l'*Aconitum Napellus*, Renonculacées.

PRÉP. — M. Duquesnel a fait connaître un procédé pour obtenir l'aconitine cristallisée. Une partie de racine d'aconit convenablement divisée est traitée à chaud par 2 parties 1/2 d'alcool et 0 p. 05 d'acide tartrique. Le liquide alcoolique est évaporé à une température aussi basse que possible et quand le résidu est exempt d'alcool on y ajoute de l'eau. On filtre, on agite la solution aqueuse avec de la ligroïne et on précipite par le carbonate de potasse. Le précipité est dissous dans l'éther, la solution éthérée est agitée avec de l'acide tartrique et reprécipitée par le carbonate de soude. Le précipité est repris par l'éther et on laisse cette solution s'évaporer à à l'air. Pour obtenir l'alcaloïde pur on combine l'alcaloïde impur à l'acide bromhydrique, on fait plusieurs fois cristalliser le bromhydrate d'aconitine et on se débarrasse ainsi des substances amorphes. Les cristaux ayant été décomposés par le carbonate de soude, il est utile pour faire cristalliser l'alcaloïde d'y ajouter un peu d'éther ou d'essence de pétrole.

DESCR. — Cristaux tabulaires rhombiques ou hexagonaux, solubles dans l'alcool, l'éther, la benzine, le chloroforme, la ligroïne. Fond à 183°. Polarise à gauche (Duquesnel). Les sels cristallisent bien.

RÉACTIONS. — L'acide sulfurique donne un liquide jaune qui passe au violet rouge. L'acide phosphorique concentré la colore au violet vers 85°.

Le chlorure d'or précipite les sels en jaune, le tannin en blanc. La réaction caractéristique est le dédoublement sous l'influence des alcalis, il se forme de l'acide benzoïque et de l'aconine.

$$\underset{\text{Aconitine.}}{C^{66}H^{45}AzO^{24}} + H^2O^2 = \underset{\text{Aconine.}}{C^{46}H^{39}AzO^{22}} + \underset{\text{Acide benzoïque.}}{C^{14}H^6O^4}.$$

PROP. PHYS. — L'aconitine est amère et la plus petite quantité de cet alcaloïde ou de ses sels produit sur la langue un picotement particulier (Duquesnel).

L'aconitine est très toxique. Elle détruit la faculté motrice des nerfs en agissant sur leur terminaison périphérique. A petite dose ses propriétés sont analogues à celle du curare. Elle augmente le pouvoir moteur des nerfs, agit sur les muscles du cœur et seulement sur son tissu musculaire. Elle diminue la fréquence du pouls, abaisse la température et produit la diurèse. C'est l'antagoniste physiologique de la digitaline. Elle procure le sommeil, mais produit des bourdonnements d'oreille, et des tintements.

PROP. THÉRAP. — L'aconitine peut être employée comme calmant, déprimant, diaphorétique. On l'emploie contre les névralgies, la sciatique et les formes douloureuses du rhumatisme en pommades et frictions. A l'intérieur on l'utilise contre les inflammations internes accompagnées de fièvre, dans la tonsillite, les affections aiguës de la gorge, le catarrhe, la scarlatine, la gonnorrhée, l'érysipèle. On l'a préconisée contre les affections des muscles du cœur.

Mais là où l'action de l'aconitine est remarquable, c'est contre les névralgies faciales de la cinquième paire et du trijumeau.

MODE D'EMPLOI. — *Granules d'aconitine.*

Aconitine cristallisée. Granules de 1/10 de milligramme à la dose de 1 à 10 par jour. Aller progressivement et avec prudence.

Liqueur d'aconitine :

Aconitine amorphe..........	1 gramme.
Alcool à 90°...............	8 grammes.

Usage externe. Frictions contre les névralgies céphaliques (Turnbull).

Oléate d'aconitine :

Aconitine amorphe.........	2 grammes.
Acide oléique pur.........	98 —

Usage externe. Frictions très actives.

Pilules d'aconitine :

Aconitine amorphe..........	0gr,050
Réglisse pulv..............	1 gramme.
Sirop simple...............	Q. S.

F. S. A. 25 pilules contenant chacune 2 milligrammes d'aconitine amorphe.

Pilules contre la migraine :

Aconitine..................	0gr,010
Sulfate de quinine.........	1 gramme.
Tannin.....................	1 —

Pour 20 pilules, à la dose de 1 à 2 par jour (Hervey de Chégoin).

Pommade d'aconitine :

Aconitine amorphe..........	1 gramme.
Alcool à 85°...............	2 grammes.
Axonge.....................	40 —

Mêlez. Dose de 1 à 2 grammes en frictions (Turnbull).

Pommade contre la sciatique :

Aconitine amorphe.......	1 gramme.
Axonge..................	100 grammes.

En frictions (Oppolzer).

Teinture d'aconitine :

Aconitine amorphe........	0gr,10
Alcool à 80°..............	100 grammes.

A l'intérieur, doses : 50 centigr. à 1 gramme en potion.

A l'extérieur, doses : 2 à 10 grammes en frictions (Bouchardat).

M. Adrian propose de faire des solutions officinales d'aconitine dans un glycéré alcoolique.

Alcool à 90°.............	60 cent. cubes.
Glycérine...............	40 —
Aconitine cristallisée.....	10 centigrammes.

Un centimètre cube de cette solution renferme 1 milligramme d'aconitine, et le procédé a l'avantage de fournir une préparation inaltérable que le pharmacien peut employer pour exécuter les ordonnances.

Doses thér. — Aconitine amorphe : de 1 à 3 milligrammes.

Aconitine cristallinée 1/10 de milligramme à 1/4 de milligramme au maximum par jour, en plusieurs fois.

Aconitine (Azotate d') $C^{66}H^{43}AzO^{2},AzO^{5}+2H^{2}O^{2}$, qui cristallise très facilement.

Mode d'emploi. — *Pilules contre la névralgie faciale.*

Azotate d'aconitine cristallisé.	0gr,0002 (1/5 de millig.)
Sulfate de quinine..........	0 ,20
Extrait de quinquina........	Q. S.

Pour une pilule. Dose de 2 à 3 en 24 heures. Ne pas dépasser cette dose (Laborde).

Doses. — Les sels d'aconitine s'emploient aux mêmes doses que l'aconitine cristallisée.

Aconitine (Chlorhydrate d') $C^{66}H^{43}AzO^{24},HCl+3H^{2}O^{2}$, qui cristallise en prisme à base rhombe terminé par des sommets biédres.

Aconitine anglaise. — $C^{72}H^{49}AzO^{24}+2HO$.

Syn. — Pseudo-aconitine. Napelline de Wiggers.

Prov. — Racines d'*Aconitum ferox*.

Descr. — Alcaloïde isolé par Wiggers, se présentant

sous la forme de cristaux en aiguilles allongées ou en petits cristaux grenus. Point de fusion 104°. Soluble dans l'éther, l'alcool et le chloroforme. Pour en dissoudre 1 partie dans l'eau il faut 4000 parties d'eau.

Réactions. — L'acide azotique donne une coloration jaune qui, par addition, de potasse alcoolique, devient rouge pourpre.

L'acide sulfurique concentré, additionné de quelques gouttes d'acide sulfovanadique donne une coloration rouge violet.

La potasse décompose l'aconitine anglaise en la dédoublant en acide pyrocatéchique et acide vératrique.

Prop. phys. — Cet alcaloïde a un pouvoir toxique des plus grands; il régularise le système respiratoire. Ses autres propriétés sont les mêmes que pour l'aconitine, mais plus fortes.

Prop. thér. — On l'emploie pour l'usage externe dans les névralgies et les affections douloureuses. A l'intérieur, on la prescrit pour combattre les fièvres, les rhumatismes et la lèpre. On l'emploie aussi dans les maladies inflammatoires comme la pleurésie et la pneumonie.

Mode d'emploi. — *Granules d'aconitine anglaise :* Granules à 1/10 de milligramme.

Onguent d'aconitine anglaise :

Aconitine anglaise..................	0gr,50
Alcool..........................	2 grammes.
Axonge..........................	30 —

Mêlez pour friction (Martindale).

Injection sous-cutanée :

Aconitine anglaise............	0gr,05
Acide sulfurique dilué.........	Q. S.
Eau distillée.................	15 grammes.

F. S. A. Dose de 1 à 4 gouttes (Martindale).

DOSE THÉRAPEUTIQUE. — On emploie l'aconitine anglaise à la dose de 1/10 de milligramme, de 1 à 5 par jour.

DOSE TOXIQUE. — La dose toxique est de 1/20 à 2/30 de milligramme par kilo d'animal de sang chaud; elle serait donc de 3 milligrammes pour l'homme.

Alétrine.

PROV. — Alcaloïde extrait de l'*Aletris farinosa*, Liliacées.

DESCR. — Cristaux blancs, insolubles dans l'eau, solubles dans l'alcool.

PROP. PHYS. — Tonique, amer à petites doses; éméto-cathartique à doses élevées; tonique de l'appareil utérin.

PROP. THÉR. — Employé dans l'hydropisie et les rhumatismes chroniques.

DOSE. — On le prescrit à la dose de 3 centigrammes.

Alstonidine. — $C^{42}H^{20}Az^{2}O^{4}$.

PROV. — Alcaloïde retiré de l'*Alstonia constricta*, par Hesse.

DESCR. — Aiguilles concentriques incolores. Fond à 181°. Substance amère; soluble dans l'alcool, la solution alcoolique possède une belle fluorescence bleue, elle est alcaline.

RÉACTIONS. — L'acide sulfurique, l'acide azotique la dissolvent sans coloration, mais l'addition d'une goutte d'acide chromique à sa solution sulfurique, développe une teinte bleu vert fugace.

PROP. THÉR. — L'alstonidine a les mêmes propriétés et s'emploie à la dose de 1 centigramme comme l'alstonine.

Alstonine. — $C^{42}H^{20}Az^{2}O^{2} + 3H^{2}O^{2}$.

SYN. — Chlorogénine.

Prov. — Alcaloïde extrait de l'*Alstonia constricta*, Apocynacées, par Palm.

Descr. — Amorphe, brun. Fond à 100° quand elle est hydratée et à 195° quand elle est anhydre. Soluble dans le chloroforme et l'ammoniaque étendue. Peu soluble dans l'éther. Base énergique. Elle est amère.

Prop. phys. — L'alstonine provoque des vomissements. Tonique amer fébrifuge.

Prop. thér. — Cet alcaloïde présente des propriétés toniques et digestives très nettes. Il paraît agir à la façon du gentiopicrin et de la quinine. Il est de plus anthelminthique et antipériodique, employé contre la dysenterie, la diarrhée et la débilité.

Dose. — Un centigramme en pilule.

Amaryllïne.

Prov. — Alcaloïde provenant de l'*Amaryllis formosissima*, Amaryllidées, découvert par M. Fragner.

Prép. — Pour extraire le principe actif on traite les bulbes broyés par lixiviation au moyen de l'alcool dans un appareil à déplacement pendant plusieurs jours, on distille l'alcool, on reprend le résidu par l'eau, on filtre, on traite la liqueur filtrée par le carbonate de soude, on agite avec de l'éther puis avec le chloroforme; le résidu de la distillation avec ces liqueurs est repris par l'eau acidulée, puis précipité par le carbonate de soude et on reprend par le chloroforme. Enfin on purifie par cristallisations successives en solution alcoolique.

Descr. — L'amaryllïne cristallise en petites aiguilles; elle est soluble dans l'alcool, l'éther, le chloroforme, elle commence à jaunir à 190°, brunit à 194° et fond à 196°.

Prop. thér. — Action spéciale sur le cœur, vomitif et vénéneux âcre.

Anagyrine. — $C^{14}H^{18}Az^{2}O^{2}$.

Prov. — Alcaloïde isolé des graines de l'*Anagyris fœtida*, Légumineuses, par Hardy et Gallois.

Prép. — On met les graines d'*Anagyris fœtida* concassées en macération dans l'eau froide, on précipite par l'acétate basique de plomb, on décompose par l'hydrogène sulfuré; on concentre la solution; on ajoute du bichlorure de mercure qui précipite l'anagyrine.

On recueille le précipité, que l'on décompose par l'hydrogène sulfuré. On concentre le liquide, on le sature avec du carbonate de potasse, on agite avec du chloroforme à plusieurs reprises et le chloroforme est agité à son tour jusqu'à épuisement avec de l'eau acidulée par l'acide chlorhydrique.

Les solutions évaporées laissent déposer le chlorhydrate d'anagyrine à l'état cristallisé.

Le chlorhydrate d'anagyrine ainsi obtenu est soluble dans l'eau. On décompose la solution par du carbonate de potasse, on agite avec de l'alcool, on sature ensuite l'alcool décanté par un courant d'acide carbonique qui précipite la potasse, et la solution filtrée fournit, par évaporation, l'anagyrine, qu'il suffit de reprendre par de l'alcool absolu pour l'obtenir pure.

Descr. — Substance amorphe, d'un aspect jaunâtre, soluble dans l'eau, l'alcool et l'éther. Exposée à l'air libre, elle se ramollit et prend une consistance visqueuse. Elle se combine aux acides pour former des sels bien cristallisés.

Réactions. — Elle précipite l'iodure de mercure et de potassium en blanc, l'iodure de potassium ioduré en brun, le bichlorure de mercure, le chlorure d'or et le chlorure de platine, etc.

Prop. phys. — Substance toxique. MM. Hardy et Gallois ont commencé à étudier l'action physiologique du chlorhydrate d'anagyrine, d'abord avec M. Bochefontaine, puis avec M. Gley. Les phénomènes généraux qu'ils ont observés sur les animaux à sang chaud sont à peu près ceux qu'avait constatés M. Arnoux avec l'extrait d'anagyre : vomissements, frisson avec tremblement, ralentissement des mouvements respiratoires, enfin arrêt de la respiration et arrêt du cœur.

Chez la grenouille, le phénomène le plus frappant est l'abolition du mouvement musculaire; les battements du cœur persistent longtemps après que tous les autres mouvements ont cessé.

Anchiétine.

Prov. — Alcaloïde extrait de l'*Anchietea salutaris*, vulg. *Cipo summa*, Violariacées, par Peckolt.

Descr. — Cristaux en aiguilles blanches ou jaunâtres. Insoluble dans l'eau et l'éther, soluble dans l'alcool.

Prop. phys. — Sialagogue énergique.

Mode d'emploi. — Employé dans la syphilis, l'herpès, les dartres et la coqueluche.

Dose de 5 à 10 milligrammes.

Angusturine. — $C^{10}H^{40}AzO^{14}$.

Prov. — Alcaloïde retiré de l'écorce du *Galipea Cusparia*, Angusture vraie, Rutacées, par Oberlin et Schlagdenhaufen.

Descr. — Prismes blancs incolores fondant à 85° et donnant un sulfate et un chlorhydrate cristallisés.

Réactions. — L'acide sulfurique concentré donne une teinte rouge; l'acide azotique, l'acide iodique ou l'acide sulfurique avec des substances oxydantes donnent une teinte verte.

Prop. phys. — Fébrifuge.

Prop. thér. — L'angusturine possède des propriétés antipériodiques et toniques, mais les expériences physiologiques et thérapeutiques qu'on a tentées avec elle ne sont pas assez concluantes pour la faire admettre dans la thérapeutique courante.

Araribine. — $C^{23}H^{20}Az^{4}+8H^{2}O$.

PROV. — Alcaloïde extrait de l'écorce de la tige de *Arariba rubra, Sickinga rubra, Casca de arariba,* Rubiacées, par Rieth et Wobler.

DESCR. — Cristallise en pyramides rhombiques. Fond à 229°. Très peu soluble dans l'eau bouillante, soluble dans l'alcool et l'éther. Pouvoir rotatoire nul. Le chlorhydrate d'araribine $C^{23}H^{20}Az^{4}2HCl$ cristallise en petites aiguilles.

PROP. PHYS. — Fébrifuge.

PROP. THÉR. — L'araribine jouit de propriétés antipériodiques et toniques incontestées. Mais les expériences qu'on a faites avec cet alcaloïde ne sont ni assez nombreuses ni assez précises pour faire introduire ce produit dans la thérapeutique courante.

Arécaïne. — $C^{17}H^{11}AzO^{2}+H^{2}O$.

PROV. — Alcaloïde retiré de la noix d'*Areca Catechu*, Palmiers, par Bombelon.

DESCR. — Cristaux incolores stables; très solubles dans l'eau, l'alcool étendu, moins solubles dans l'alcool absolu; insolubles dans l'éther, le chloroforme, la benzine.

SELS. — L'arécaïne forme des sels solubles et à réaction acide.

PROP. PHYS. — Elle contracte la pupille d'une façon considérable par voie hypodermique, mais par intoxication. Elle agit sur le cœur et la respiration.

PROP. THÉR. — L'arécaïne est toxique à la façon de la muscarine, à laquelle elle peut être substituée pour son action physiologique et thérapeutique.

DOSE. — Un milligramme.

Arécoline. — $C^{18}H^{13}AzO^{2}$.

Prov. — Alcaloïde retiré de la noix de l'*Areca catechu*, Palmiers, par Bombelon.

Descr. — Alcaloïde liquide, huileux, incolore, à réaction alcaline, soluble en toutes proportions dans l'eau, l'alcool, l'éther et le chloroforme. Bouillant à 220°.

Sels. — L'arécoline forme des sels définis, entre autre le bromhydrate cristallisé, très soluble, non hygroscopique.

Prop. phys. — L'arécoline injectée sous la peau à la dose de 25 à 50 milligrammes tue un lapin de forte taille, une dose de 20 milligrammes tue un chat, et une de 75 milligrammes tue un chien. Les symptômes de l'empoisonnement ressemblent à ceux de la muscarine, les battements du cœur diminuent jusqu'à cesser, tandis que l'inspiration pulmonaire augmente. Les doses les plus minimes provoquent les mouvements péristaltiques de l'intestin, en même temps la pupille est dilatée.

Prop. thér. — L'arécoline sous forme de sel a été employé comme vermifuge et tænifuge. Son action péristaltique sur l'intestin fait que l'arécoline est une bonne acquisition pour la thérapeutique.

Aricine. — $C^{46}H^{26}Az^{2}O^{8}$.

Syn. — Conchovatine. Cinchovine.

Prov. — L'aricine a été découverte par Pelletier dans le quinquina d'Arica et le quinquina blanc de Jael, étudié par MM. Moissan et Landrin.

Descr. — Prismes incolores allongés. Fond à 188°. Insoluble dans l'eau, très soluble dans le chloroforme : 1 partie se dissout dans 20 parties d'éther et 235 parties d'alcool. Soluble dans l'alcool bouillant. Pouvoir rotatoire = — 54° dans l'alcool et = — 94° dans l'éther.

Réactions. — L'acide azotique concentré colore

l'aricine en vert sombre et la dissout ensuite en prenant une coloration jaune vert. — Une solution de chlorure de chaux versée dans une solution chlorhydrique d'aricine produit une coloration jaune. — L'acide sulfurique dissout dans l'aricine, se colore en vert jaunâtre ; quand on la chauffe, la teinte devient brune. — Quand l'acide sulfurique est additionné de molybdate d'ammoniaque, on a d'abord une coloration bleue, passant au vert à chaud et redevenant bleue par refroidissement.

PROP. THÉR. — Elle possède, comme ses congénères, des propriétés antipériodiques ; elle est antiseptique. Mais d'après certains auteurs, elle serait convulsivante à hautes doses.

DOSE. — L'aricine est prescrite à la dose de $0^{gr},10$ en pilules ou cachets.

Asiminine.

PROV. — Alcaloïde extrait des feuilles et graines de l'*Asimina triloba*, Anonacées, par Lloyd.

DESCR. — Cristaux incolores. Insoluble dans l'eau, soluble dans l'alcool et l'éther.

RÉACTIONS. — L'asiminine a des réactions semblables à celles de la morphine.

PRÉP. THÉR. — D'après Bartholow, l'asiminine est un anesthésique local, et possède une action sédative puissante qui succède à une première période d'excitation. Elle ralentit le cœur sans l'affaiblir.

Aspidospermine. — $C^{44}H^{30}Az^2O^4$.

PROV. — Retirée de l'*Aspidosperma Quebracho*, Apocynacées. Alcaloïde découvert par Fronde, étudié par Hesse et Tanret.

DESCR. — Petits cristaux prismatiques, fondant à 205°. Soluble dans l'alcool et l'éther, soluble dans 6000 parties d'eau.

Réactions. — Chauffée avec une solution d'acide perchlorique, elle donne une coloration rouge. Avec l'acide sulfurique et du peroxyde de plomb, on a une coloration brune, puis rouge cerise. Le bichromate de potasse donne une coloration olive.

Prop. phys. — Son action peut s'exercer sur le centre respiratoire, elle augmente l'étendue et l'amplitude des mouvements respiratoires, ralentit le cœur et abaisse la température. Le sang veineux des animaux intoxiqués est rouge comme celui des animaux tués par une piqûre bulbaire.

Prop. thér. — M. Huchard conseille l'aspidospermine dans les dyspnées d'origine fonctionnelle. Le Dr Fronde l'emploie dans la fièvre typhoïde pour abaisser la température et contre certaines variétés de l'asthme.

Mode d'emploi. — Cet alcaloïde s'emploie à la dose de 5 à 10 centigrammes. On fait la solution pour injection hypodermique de la manière suivante :

Aspidospermine.............	20 centigr.
Eau	10 grammes.

On ajoute quelques gouttes d'une solution à 1/10 d'acide sulfurique, de manière à dissoudre la base ; si la solution est acide, on la neutralise au tournesol avec du bicarbonate de soude. Un centimètre cube de cette solution contient 2 centigrammes d'aspidospermine.

Athérospermine.

Prov. — Alcaloïde retiré de la tige de l'*Atherosperma moschata*, Méliacées, par Zeyer.

Descr. — Poudre blanche très amère. Complètement insoluble dans l'eau, très soluble dans l'alcool, l'éther et le chloroforme, fusible à 128°.

Prop. phys. — Diaphorétique et diurétique.

Prop. thér. — On l'emploie comme apéritif, tonique et antiscorbutique dans l'asthme, les affections du poumon et quelques maladies du cœur.

Atisine. — $C^{48}H^{74}Az^{2}O^{5}$.

Prov. — Alcaloïde extrait de l'*Aconitum heterophyllum*, Renonculacées, par Broughton.

Descr. — L'atisine est blanche, amorphe; quand elle est exposée à l'air, elle devient jaunâtre ou brun jaunâtre et résineuse. Chauffée au bain-marie elle forme une masse brun jaunâtre. Elle est peu soluble dans l'eau, plus soluble dans l'alcool étendu, complètement soluble dans l'éther, la benzine et l'alcool absolu. Saveur amère. Ses solutions alcooliques sont opalines et moussent par l'agitation.

Réactions. — En présence de l'acide sulfurique concentré l'atisine prend une coloration violette qui devient rouge, puis brune. L'acide azotique donne une coloration brune.

Sels. — Le nitrate, le sulfate et le chlorhydrate d'atisine ne cristallisent pas, ces sels sont solubles dans l'eau, ont une coloration jaunâtre et une saveur très amère. Les chlorhydrate, bromhydrate et iodhydrate d'atisine sont cristallisables.

Prop. phys. — L'atisine n'est pas toxique, elle est tonique et fébrifuge.

Prop. thér. — Les propriétés thérapeutiques de l'atisine, quoique démontrées par un grand nombre d'observations présentées par des médecins hindo-anglais, ne sont pas assez concluantes pour faire admettre ce produit dans la thérapeutique courante.

Atropamine. — $C^{17}H^{21}AzO^{2}$.

Prov. — Alcaloïde découvert par Hesse, dans la racine de belladone, où elle existe en quantité notable.

Descr. — Corps incristallisable, soluble dans l'alcool, l'éther et le chloroforme. Donne avec les acides des sels nettement cristallisés.

Prop. thér. — L'atropamine possède des propriétés narcotiques et calmantes ; elle n'a pas d'action mydriatique sur l'œil, même en solution à 2 p. 100.

Atropine. — $C^{34}H^{23}AzO^{6}$. Eq.

Prov. — Toutes les parties de l'*Atropa Belladonna* et les graines du *Datura Stramonium*, Solanacées.

Descr. — Aiguilles fines, fusibles à 114°. Soluble dans l'alcool, le chloroforme, le toluène. Elle se dissout dans 300 parties d'eau froide, 63 parties d'alcool et 3 parties de chloroforme. Pouvoir rotatoire à gauche.

Réactions. — La solution d'atropine dans l'acide sulfurique concentré donne une coloration rose, puis noire. Cette solution chauffée donne une odeur intense, rappelant celle de l'aubépine ou de la fleur d'oranger.

Si on fait agir l'acide azotique sur l'atropine et qu'on dessèche ce produit et qu'on vienne à ajouter une goutte de potasse alcoolique, on obtient une coloration violette qui vire au rouge.

Sous l'influence des agents de l'oxydation, l'atropine donne de l'aldéhyde benzoïque et de l'acide benzoïque.

Chauffée avec de l'acide chlorhydrique concentré vers 100° elle fixe les éléments de l'eau et se change en acide tropique et en tropine (Ladenburg) :

$$C^{34}H^{23}AzO^{6} + H^{2}O^{2} = C^{18}H^{10}O^{6} + C^{16}H^{15}AzO^{2}.$$

Les alcalis, la baryte ou la soude par exemple, déterminent le même dédoublement que l'acide chlorhydrique.

L'acide tropique est un acide-alcool qui peut être obtenu en partant de l'acétophénone. L'atropine est une base tertiaire.

Prop. phys. — L'atropine est un poison des plus violents, elle passe rapidement dans le sang et se répand dans l'organisme. La dilatation de la pupille est le symptôme le plus caractéristique de l'empoisonnement par l'atropine. La dilatation de la pupille par application locale est constante. Antagoniste de la morphine comme action physiologique générale et de l'ésérine notamment pour l'œil. L'atropine, après avoir diminué la pression artérielle, abaissé la température du corps de 3°, donne un état fébrile successif, la température s'élève de 4°, le pouls devient fréquent et fort. L'atropine diminue ou supprime la sécrétion bronchique. L'atropine diminue l'exhalation externe ; elle ne s'accumule pas dans l'économie et passe rapidement dans les urines.

Prop. thér. — L'atropine est employée comme mydriatique pour faciliter l'exploration de l'œil, et dans certains cas morbides de l'œil. Par la facilité qu'elle possède de réduire ou de supprimer les sécrétions, elle peut rendre service dans les flux de salive, d'urine, dans la diarrhée catarrhale et la bronchorrhée. Par sa qualité de relâchant musculaire, l'atropine peut être employée dans les accouchements, pour l'introduction des sondes dans l'urèthre, à la réduction des hernies et contre la constipation. On en fait usage comme tonique vaso-moteur dans les spasmes, épilepsie, collapsus. Enfin son action stupéfiante est mise à profit dans les affections douloureuses, spasmodiques, convulsives, dans les névralgies, les rhumatismes, les convulsions, le tétanos, les coliques de plomb. Elle diminue l'éruption de la scarlatine.

Teinture d'atropine (Bouchardat) :

Atropine..................	1 gramme.
Alcool à 90°..............	200 grammes.

XII gouttes contiennent 1 milligramme.

Collyre à l'atropine :

Atropine..................	0gr,05
Eau distillée..............	20 grammes.

II à III gouttes dans l'œil pour dilater la pupille.

Oléate d'atropine :

Atropine pure..............	2 grammes.
Acide oléique pur..........	98 —

Frictions externes très actives.

Pommade d'atropine :

Atropine..................	0gr,05 à 0gr,10
Vaseline..................	30 grammes.

Huile d'atropine :

Atropine..................	0gr,10
Huile d'amandes douces....	10 grammes.

Usage externe.

Pommade contre les névralgies faciales :

Atropine..................	0gr,10
Vératrine.................	0 ,05
Baume nerval..............	15 grammes.

Mêlez. — Trois onctions par jour.

Sirop d'atropine (Gubler) :

Atropine..............	0gr,05
Eau...................	10 grammes.
Acide chlorhydrique....	1 goutte.

F. dissoudre, ajoutez :

Sirop simple..........	1000 grammes.

Mêlez. 1 cuillerée à bouche contient 1 milligramme d'atropine.

Pilules d'atropine (Gubler) :

Atropine........................	0gr,05
Miel...........................	2 grammes.
Poudre de guimauve.............	Q. S.

F. S. A. 100 pilules contiennent chacune 1/2 milligramme d'atropine.

DOSES THÉR. — Dose habituelle de 1/2 à 1 milligramme.

Dans les vingt-quatre heures de 3 à 4 milligrammes, dose maximum.

Atropine (**Acétate d'**). — $C^{34}H^{25}AzO^{6}C^{4}H^{4}O^{4}$.

Sel bien cristallisé en prismes nacrés réunis en étoiles.

Très soluble dans l'eau et inaltérable à l'air.

Atropine (**Azotate d'**).

Solutions d'azotate d'atropine :

Eau distillée..................	200 cent. cubes.
Azotate d'aconitine cristallisé....	5 centigrammes.

Une semblable solution contient exactement *un quart de milligramme* par centimètre cube.

Atropine (**Sulfate neutre d'**) $C^{34}H^{23}AzO^{6}2(SO^{3}HO)$. — Ce sel se présente sous la forme de masses blanches constituées par de petits cristaux, très facilement soluble dans l'eau. On le prépare en employant un mélange de 1 partie d'acide sulfurique et 10 parties d'alcool qu'on ajoute goutte à goutte à une solution à

10 p. 100 d'atropine dans de l'éther pur et sec. Le sulfate d'atropine insoluble dans l'éther se dépose.

PROP. PHYS. ET THÉR. — Mêmes propriétés que l'atropine et s'emploie aux mêmes doses. C'est le sel le plus usité quand on veut prescrire l'atropine.

Injection hypodermique :

Sulfate d'atropine................	0gr,01
Chlorhydrate de morphine.........	0gr,10
Eau de laurier-cerise..............	20 grammes.

Mêlez. — Un centimètre cube en contient 1/2 milligramme de sulfate d'atropine, on injecte 1 à 2 centimètres cubes (Dujardin-Beaumetz).

Collyre au sulfate d'atropine (Abadie) :

Sulfate neutre d'atropine.......	0gr,05
Eau distillée bouillie...........	30 grammes.

Glycérolé au sulfate d'atropine (Muller) :

Sulfate d'atropine..............	0gr,10
Glycérolé d'amidon............	15 grammes

Usage externe.

Injections contre le mal de mer (Skinner) :

Sulfate d'atropine..............	0gr,04
Sulfate de strychnine............	0 ,04
Eau distillée....................	40 grammes.

Un centimètre cube contient 1 milligramme de sulfate d'atropine.

On pratique une injection, puis une autre au bout de deux heures.

Pilules contre la toux (Vindevogel) :

Sulfate d'atropine................	0gr,01
Chlorhydrate de morphine.........	0 ,10
Extrait de poudre de gentiane	P. S.

F.S.A. 10 pilules, à la dose de 1 à 2 le soir.

Atropine (**Valérianate d'**) $C^{34}H^{23}AzO^{6}C^{10}H^{10}O^{4}+HO$. Très soluble dans l'eau, très peu soluble dans l'alcool et l'éther. Fond à 52°.

MODE D'EMPLOI. — *Potion :*

Valérianate d'atropine.....	1/2 mill. à 1 milligr.
Eau de tilleul.............	120 grammes.
Sirop de sucre............	20 —

Mêlez. — A prendre par cuillerées à bouche en 24 heures.

Granules de valérianate d'atropine :

Granules à 1/4 ou 1/2 milligramme.

F. S. A. à la dose de 1 à 4 par jour.

Baptitoxine.

PROV. — Alcaloïde retiré du *Baptisia tinctoria*, Légumineuses, par Van Schœder.

PROP. PHYS. — La baptitoxine est un alcaloïde toxique même à petites doses en abolissant les mouvements respiratoires et paralysant ; elle abaisse la respiration et augmente l'irritabilité réflexe de la moelle.

PROP. THÉR. — On l'emploie comme stimulant hépatique et intestinal à la dose de 1 à 2 milligrammes.

Bébirine. — $C^{38}A^{21}AzO^{6}$.

SYN. — Bébéerine.

PROV. — Alcaloïde retiré de l'écorce de *Nectandra Rodiei* ou *Bebceru Sipceri*, Lauracées, par le Dr Rodié.

DESCR. — Poudre amorphe blanche, fusible à 180°, sans odeur, très électrisable par frottement. Réaction alcaline ; saveur amère, persistante. Très peu soluble dans l'eau et dans l'éther, soluble dans l'alcool même à froid et l'éther bouillant.

Réactions. — L'acide azotique à chaud la transforme en une poudre jaune; l'acide chromique en une résine noire. Les solutions sulfuriques ou chlorhydriques précipitent en jaune par l'acide phosphomolybdique, le précipité se dissout dans l'ammoniaque et donne une liqueur bleue. L'ébullition décolore la liqueur. Avec la potasse fondante elle ne donne pas de quinoléine.

Prop. phys. — Fébrifuge.

Prop. thér. — Employée comme succédané de la quinine dans les névralgies et comme anti-périodique; de plus elle est usitée contre la ménorrhagie.

Mode d'emploi. Dose. — Pilules ou cachets de 20 centigrammes à la dose de 2 à 20 par jour.

Bélamarine.

Prov. — Alcaloïde extrait de l'*Amaryllis Belladonna*, Amaryllidacées par M. le Dr Fragner.

Prép. — On broie les bulbes, on les traite par l'alcool, après distillation le résidu est repris par l'eau, on filtre et la liqueur filtrée est précipitée par le carbonate de soude, puis agitée avec de l'éther qui dissout le précipité; on ajoute de l'alcool à la liqueur éthérée, on distille l'éther et la solution alcoolique abandonne les cristaux.

Descr. — Aiguilles incolores. Soluble dans le chloroforme, moins soluble dans l'alcool et l'eau. Fond à 181°.

Prop. thér. — La bélamarine a une action spéciale sur le cœur : elle est vomitive; c'est un poison âcre.

Berbérine. — $C^{40}H^{17}AzO^{8}Eq$.

Prov. — Alcaloïde retiré d'un grand nombre de plantes : *Berberis vulgaris*, *Xanthoxylum Clava Herculis*, *Hydrastis canadensis*, le *Coptis tecta*, le *Cocculus pal-*

matus, le *Menispermum fenestratum*, le *Coptis trifolia*, le *Cœlocline polycarpa*.

Descr. — Petites aiguilles prismatiques fines et soyeuses, légèrement jaunâtres ou en petites aiguilles groupées concentriquement. Fond à 120°. Soluble dans l'eau bouillante, le sulfure de carbone, la benzine. Peu soluble dans l'eau froide, l'éther et le chloroforme.

Réactions. — L'ammoniaque la colore en brun. L'acide azotique la dissout, la coloration se fait en rouge foncé, la température s'élève à 80° et il se forme de l'acide berbérinique. D'après Schmidt, la berbérine retient le chloroforme molécule à molécule.

Prop. phys. — Antipériodique, diaphorétique, tonique.

Prop. thér. — On l'emploie contre les malaises, les indigestions, la diarrhée, l'épilepsie et l'éclampsie.

Mode d'emploi. — Doses. — Pilules, cachets de 10 à 30 centigrammes.

Boldine.

Prov. — Alcaloïde extrait des feuilles du *Peumus boldus*, vulgo *Boldo*, Monimiacées, par MM. Bourgoin et Verne.

Descr. — Alcaloïde très peu soluble dans l'eau, à laquelle elle communique cependant une réaction alcaline et une saveur amère. La boldine est très soluble dans l'alcool, le chloroforme et les alcalis, légèrement soluble dans la benzine.

Réactions. — Les acides sulfurique et azotique concentrés colorent immédiatement cette base en rouge.

Prop. phys. — Diurétique, hypnotique, anesthésique.

Prop. thér. — Usité contre les hydropisies, les rhumatismes. On l'emploie comme diurétique dans l'atonie de la vessie. Comme hypnotique il pourrait remplacer la cocaïne.

Dose. — On l'emploie en pilules à la dose de 1 à 2 centigrammes.

Brucine. — $C^{46}H^{26}Az^{2}O^{8}$.

Prov. — Alcaloïde extrait de la fausse angusture et accompagne la strychnine dans les *Strychnos*.

Descr. — Cristallise en prismes rhomboïdaux obliques, contenant 8 équiv. d'eau. Elle s'effleurit à l'air. Soluble dans 800 parties d'eau froide et 500 parties d'eau bouillante, soluble dans l'alcool, insoluble dans l'éther. Elle est lévogyre.

Réactions. — Elle donne avec l'acide nitrique une belle coloration rouge; cette coloration passe au violet par addition de chlorure stanneux.

La brucine chauffée avec de l'acide sulfurique et du bioxyde de manganèse donne de l'alcool méthylique et de l'acide formique.

Prop. phys. — Les propriétés physiologiques de la brucine sont semblables à celles de la *strychnine* (V. ce mot) à l'intensité près. Le rapport proportionnel d'activité serait, d'après Andral, le suivant : 6 fois moins active que la strychnine.

Prop. thér. — Cette activité moins grande que la strychnine serait très précieuse au point de vue de thérapeutique. Pour beaucoup de praticiens, la brucine serait plus maniable et Richeteau lui donne la préférence dans l'hémiplégie. La brucine a d'ailleurs toutes les propriétés thérapeutiques que l'on retrouvera à l'article *Strychnine*.

Mode d'emploi.

Cachets de brucine :

Brucine....................	1 gramme.
Sucre de lait pulv...........	4 grammes.

Mêlez avec soin. F. S. A. 20 cachets à administrer à dose progressive de 1 à 4 ou même 8 contre la paralysie.

Pilules de brucine :

Brucine....................	0gr,30
Conserve de roses...........	2 grammes.

Mêlez avec soin. F. S. A. 24 pilules 1 matin et soir.

Doses. — La brucine s'emploie à l'intérieur à la dose de 0gr,005 jusqu'à 0gr,020. On peut aller en dose graduée jusqu'à 0gr,050 par jour.

Buxine. — $C^{32}H^{21}AzO^{6}$.

Prov. — Alcaloïde retiré des feuilles et de l'écorce du *Buxus sempervirens*, Célastracées, par Fauré.

Descr. — Écailles blanches ; amère, presque insoluble dans l'eau ; elle se dissout dans 2 parties d'alcool absolu et 13 parties d'éther. Bleuit le papier de tournesol. Sel employé : le sulfate de buxine.

Prop. phys. — Fébrifuge, antipériodique, amer, tonique. Provoque l'éternuement.

Prop. thér. — Le sulfate de buxine a été employé comme succédané du sulfate de quinine, mais il agit d'une façon fâcheuse sur le centre cérébro-spinal, et la muqueuse intestinale, ce qui fait que son usage est limité.

Cactine.

Prov. — Alcaloïde isolé du *Cactus grandiflorus* Cactacées, par W. Sultan.

Prop. phys. — La cactine augmente l'énergie des contractions musculaires du cœur ainsi que la tension artérielle ; elle agirait aussi sur le système nerveux et particulièrement sur la substance grise de la moelle dont elle exagérerait l'excitabilité réflexe.

Sous ce rapport son action se rapprocherait de celle de la strychnine.

PROP. THÉR. — Employée contre les palpitations du cœur, par le Dr Huchard. D'après O'Meara la cactine conviendrait pour combattre l'atonie cardiaque d'origine nerveuse, non compliquée de lésions valvulaires. Elle rendrait également de grands services dans les accidents cardiaques liés à l'intoxication nicotinique. A l'inverse de la digitale, la cactine pourrait être administrée d'une façon continue sans danger d'accumulation et sans qu'il se produise de troubles gastriques. La cactine est aussi employée contre l'épuisement sexuel, le rhumatisme aigu et subaigu, et c'est un spécifique de l'angine de poitrine d'après Engestdt.

MODE D'EMPLOI. — DOSES. — Granules de 1 milligramme à la dose de 1 à 2. Dose maximum pour 24 heures : 5 milligrammes :

Caféine. — $C^{16}H^{10}Az^{4}O^{4} + 2HO$. Eq.

SYN. — Théine. Méthylthéobromine.

PROV. — Café, thé, kola, guarana.

DESCR. — Cristaux en aiguilles brillantes et légères qui, réunies en masse, présentent un aspect feutré; ils sont du type hexagonal. Densité 1,23. Point de fusion 177°. Bout à 284° et se sublime sans décomposition. Soluble dans le chloroforme et l'eau bouillante. L'eau à 15° dissout 1 p. 25 pour 100 d'eau, l'alcool dissout 2 p. 25 pour 100 d'alcool. Insoluble dans l'éther.

RÉACTIONS. — Lorsqu'on met de la caféine en contact avec de l'acide azotique concentré et qu'on évapore; il reste un résidu jaune d'acide amalique, que l'addition d'ammoniaque colore en rouge pourpre.

L'eau chlorée agit de même, si le résidu est chauffé

fortement il est de couleur or ; l'ammoniaque le colore en rouge.

Prop. phys. — Prise isolément à la dose de 10 centigrammes la caféine produit d'abord un léger assoupissement, suivi d'une stimulation circulatoire favorable à l'exercice des fonctions animales et particulièrement au travail intellectuel. Les doses plus fortes, de 30 à 50 centigrammes, causent une violente excitation des systèmes nerveux et vasculaire avec palpitations du cœur, oppression, céphalée, bruissement dans les oreilles, scintillation dans les yeux, délire. La caféine se détruit ou s'altère dans la circulation, elle augmente la sécrétion de la bile et celle de l'urée; elle procure une insomnie complète. C'est l'antidote de l'opium et de la morphine.

Prop. thér. — Le Dr Huchard considère la caféine comme un excellent médicament cardiaque et un puissant diurétique, car elle est en outre tonique, stimulante. Les injections de caféine abaissent la température dans la fièvre typhoïde et combattent les phénomènes de dépression générale. M. Huchard les conseille dans le choléra. On l'emploie comme antipériodique à la place de la quinine, dont elle n'a pas l'effet déprimant.

On l'a prescrite contre l'épilepsie, les vertiges et à petite dose; comme tonique dans la diarrhée, la phthisie, les névralgies et l'hystérie. A cause de ses propriétés diurétiques on l'a employé contre l'hydropisie, les affections de la valvule mitrale. Le valérianate de caféine est préconisé contre les vomissements nerveux et contre l'hystérie.

Mode d'emploi.

Injections hypodermiques (Ch. Tanret) :

Caféine	1 gramme.
Benzoate de soude	1 —
Eau distillée	3 grammes.

ou :

Caféine	1 gramme.
Salicylate de soude	1 —
Eau distillée	3 grammes.

ou :

Caféine	1 gramme.
Cinnamate de soude	1 —
Eau distillée	3 grammes.

Paquets antinévralgiques (Braun) :

Caféine	0gr,10
Sucre blanc pulvérisé	0gr,50

Mêlez pour 1 paquet.
Dose. — 3 paquets par jour.

Potion de caféine (Dr Constantin Paul) :

Caféine	1 gramme.
Benzoate de soude	1 —
Eau de tilleul	90 grammes.
Sirop des cinq racines	30 —

Sirop de caféine (Bouchardat) :

Caféine	5 grammes.
Sirop de sucre alcoolisé	120 —

Mêlez.

Solution de caféine :

Caféine	7 grammes.
Benzoate de soude	7 —
Eau	250 —

Dose de 1 à 2 cuillerées à soupe.
Doses. — Par voie buccale de 10 à 80 centigrammes.

En injection sous-cutanée, de 30 centigrammes à 1 gramme.

Caféine (Acétate de). — $C^{16}H^{10}Az^{4}O^{4}(C^{4}H^{4}O^{4})^{2}$.

Caféine (Azotate de).
$C^{16}H^{10}Az^{4}O^{4},HAzO^{6}+2H^{2}O^{2}$.

Caféine (Bromhydrate de).
$C^{16}H^{10}Az^{4}O^{4}HBr+2H^{2}O^{2}$.

Caféine (Chlorhydrate de). — $C^{16}H^{10}Az^{4}O^{4},HCl$. Sel cristallisé en prismes athorhombiques.

Les autres sels sont tellement décomposables qu'on nie leur existence. On les considère comme un mélange de caféine et d'acide organique, tels sont le citrate et le valérianate de caféine.

Caféine (Citrate de).
MODE D'EMPLOI.

Sirop au citrate de caféine (Hanot) :

Citrate de caféine.........	4 grammes.
Sirop de sucre alcoolisé...	120 —

Lavement au citrate de caféine :

Citrate de caféine.........	0gr,25
Eau......................	400 grammes.

Caféine (Valérianate de).

Valérianate de caféine....	2gr,40
Sucre en poudre.........	4 grammes.

Paquets :
F. S. A. 24 paquets (Constantin Paul).

Sirop :

Valérianate de caféine....	1gr,50
Eau-de-vie..............	20 grammes.
Sirop de café............	250 —

Mêlez.

Dose de 2 à 3 cuillerées à café par jour.

Cannabine.

Syn. — Tétano-cannabine.

Prov. — Alcaloïde extrait du *Cannabis indica*, Urticacées, par Smith.

Descr. — La cannabine cristallise en aiguilles incolores. Très soluble dans l'eau et dans l'alcool et un peu plus lentement dans l'éther et le chloroforme.

Réactions. — Elle précipite par tous les réactifs ordinaires des alcaloïdes.

Sel employé. — Tannate de cannabine.

Prop. phys. — La cannabine possède une action physiologique analogue à celle de la strychnine. Injectée sous la peau elle détermine des convulsions tétaniques en augmentant l'excitabilité réflexe des centres spinaux.

Prop. thér. — La cannabine est un hypnotique n'ayant aucune action défavorable sur la digestion, sur les sécrétions et réussit très bien dans les affections nerveuses et la manie aiguë. Elle a donné de bons résultats dans la chorée, l'insomnie nerveuse, l'asthme, la migraine, la céphalée; elle est anaphrodisiaque. On l'emploie avec succès dans la ménorrhagie, l'anorexie, la diarrhée, la dyspepsie et le choléra.

Doses. — La cannabine s'emploie à la dose de 5 à 25 centigrammes. Le tannate de cannabine s'emploie à la dose de 10 à 50 centigrammes en pilules, paquets ou cachets.

Capsicine. — $C^9H^{14}AzO^2$.

Prov. — Alcaloïde extrait des semences du *Capsicum fastigiatum*, Solanacées, par Thresh.

Descr. — Cristallise en aiguilles. Insoluble dans l'eau, soluble dans l'alcool et l'eau alcaline. Se sublime sans décomposition à la vapeur d'eau. Les sels cristallisent bien, le chlorhydrate en tétraèdres et le sulfate en prismes.

Réactions. — La capsicine précipite les sels de baryte, de chaux et d'argent en solution alcoolique.

Prop. phys. — Alcaloïde d'une âcreté extrême dont les moindres parcelles produisent la toux, l'éternuement et le larmoiement. Prise à l'intérieur, elle détermine de violentes coliques.

Prop. thér. — On l'emploie quelquefois pour déterminer un effet purgatif violent, à la dose de 1 milligramme. On l'a préconisée comme gargarisme dans l'angine maligne. On l'emploie aussi dans les hémorrhoïdes et la dyspepsie atonique et flatulente. La capsicine forme un bon rubéfiant.

Mode d'emploi. — Usage interne : 1 milligramme.

Usage externe.

Mixture à la capsicine :

Capsicine	1	gramme.
Alcool	20	grammes.
Glycérine	20	—

M. S. A. Appliquez en badigeonnages avec un pinceau.

Carpaïne. — $C^{14}H^{25}AzO^2$.

Prov. — Alcaloïde extrait des feuilles du *Carica Papaya*, Bixacées, par Greshoff.

Descr. — Cristaux incolores étoilés, insolubles dans l'eau, solubles dans l'éther. Fond à 121°.

Réaction. — Avec l'acide sulfurique et le bichromate de potasse la carpaïne donne une coloration verte.

PROP. PHYS. — La carpaïne est un poison du cœur qu'elle ralentit. La dose mortelle pour un cobaye de 500 grammes est de 20 centigrammes.

PROP. THÉR. — On emploie la carpaïne comme médicament cardiaque lorsqu'il est utile de ralentir les battements du cœur et diminuer la pression artérielle.

MODE D'EMPLOI. DOSE. — Granules de carpaïne de 1 milligramme à la dose de 1 à 5 granules par jour.

Chélérythrine. — $C^{34}H^{15}AzO^{8}$.

SYN. — Sanguinarine.

PROV. — Alcaloïde retiré du *Chelidonium majus* par Godefroy, des racines du *Sanguinaria canadensis* par Dana.

DESCR. — Poudre blanche, amorphe, insipide. Fond à 160°. Insoluble dans l'eau, très peu soluble dans l'alcool, soluble dans l'éther, le chloroforme, la benzine, le sulfure de carbone, l'alcool amylique et l'éther de pétrole.

RÉACTIONS. — L'acide sulfurique colore la chélérythrine en jaune à froid et en brun verdâtre à chaud. Le chlore précipite les sels en jaune. La potasse alcoolique bouillante dégage des vapeurs ammoniacales.

PROP. PHYS. — La poussière de chélérythrine irrite violemment les fosses nasales. Calmant, narcotique.

PROP. THÉR. — Les propriétés calmantes et hypnotiques de la sanguinarine, quoique affirmées par de nombreuses expériences physiologiques et thérapeutiques, ne sont pas assez précises pour la faire admettre dans la thérapeutique courante.

Chélidonine. — $C^{88}H^{17}Az^{3}O^{6}$.

Prov. — Alcaloïde isolé de la grande chélidoine par Proht.

Descr. — La chélidonine cristallise en tables incolores d'un brillant vitreux ou en prismes incolores et brillants, très solubles dans l'eau, solubles dans l'alcool et l'éther. Fond à 130°.

Réactions. — Les acides sulfurique et azotique la décomposent; l'acide sulfurique nitreux la colore en vert et à 150° en vert olive. Réaction alcaline marquée.

Schneider a indiqué que, mise en suspension dans de l'eau sucrée et additionnée d'acide sulfurique, la chélidonine donne une coloration rouge violacée.

Prop. phys. et thér. — La chélidonine possède des propriétés calmantes et hypnotiques, mais les expériences physiologiques et thérapeutiques qu'on a tentées avec elle ne sont pas assez concluantes pour la faire admettre dans la thérapeutique courante.

Cicutine. — $C^{16}H^{17}Az$. Eq.

Syn. — Conicine, conine, conéine.

Prov. — Fruits et feuilles de la Grande Ciguë *Conium maculatum.*

Prép. — Giesecke a obtenu cet alcaloïde non oxygéné par la méthode générale décrite pour l'obtention des alcaloïdes volatils. (Voir page 7.)

Descr. — Liquide limpide, incolore, oléagineux, à réaction alcaline pressante. Densité 0,886 à +15°. Point d'ébullition 170°. Elle dissout à froid le tiers de son poids d'eau et se dissout elle-même dans 100 parties d'eau et présente le phénomène particulier d'être moins soluble à chaud qu'à froid. Elle est très soluble dans l'éther et l'alcool absolu. Pouvoir rotatoire droit + 10°,6.

Réactions. — La cicutine donne avec le sulfate de cuivre un précipité bleu soluble dans l'éther et l'alcool. L'acide azotique la transforme en acide butyrique normal. L'acide nitreux donne un dérivé l'azoconhydrique $C^{14}H^{16}Az^2O^2$.

La cicutine est accompagnée dans la ciguë de plusieurs alcaloïdes : la conhydrine $C^{16}H^{17}AzO^2$, alcaloïde fixe, et la méthylconicine $C^{18}H^{19}Az$, qui jouissent des mêmes propriétés physiologiques et thérapeutiques que la cicutine.

Prop. phys. — Appliquée sur la peau la cicutine produit d'abord comme tous les alcaloïdes une inflammation accompagnée de douleur, mais bientôt un phénomène inverse se produit et il se produit une action calmante et même stupéfiante.

A l'intérieur, la cicutine est un calmant nervin extrêmement énergique et a une action contro-stimulante sur la moelle. A dose plus forte elle détermine paralysie des muscles de la poitrine, du cœur gauche, puis du diaphragme et la mort par asphyxie peut survenir. C'est un toxique des plus violents.

A faible dose, c'est-à-dire à 5 à 10 milligrammes en injections sous-cutanées ou à 1 à 2 centigrammes au plus par la voie stomacale, le bromhydrate ou le chlorhydrate de cicutine agit sur le centre bulbaire en produisant une action anesthésiante, analgésique et légèrement hypnotique. Elle a une action toute particulière sur la respiration, qu'elle tend à ralentir. A plus haute dose et surtout à dose massive, Martin-Damourette et Pelvet ont prouvé qu'elle agit à la façon du curare, en amenant la paralysie successive des muscles striés, puis des muscles lisses, d'où paralysie des muscles respiratoires.

Prop. thér. — La cicutine et ses sels sont employés contre les névroses, les affections spasmodiques et les bronchites chroniques. Elle est usitée contre le tétanos et la chorée. On l'emploie contre le prurit et les fissures de l'anus. Spengler l'a conseillée contre la coqueluche, les convulsions et les contractions. Æsterlen la préconise contre les empoisonnements par la strychnine et la brucine.

Storck l'emploie contre les engagements ganglionnaires et viscéraux et contre le cancer. Fronmüller a conseillé un collyre à la cicutine contre l'ophthalmie scrofuleuse.

On a utilisé ses propriétés analgésiantes et calmantes contre l'asthme, la coqueluche, l'angine de poitrine, les névralgies et surtout le tic douloureux, contre l'épilepsie, la chorée, etc., en un mot sur toutes les maladies incurables du système nerveux. Mais M. Dujardin-Beaumetz a prouvé que c'était un médicament infidèle et dangereux.

MODES D'EMPLOI.

Baume de cicutine :

Cicutine....................	XX gouttes
Chlorhydrate de morphine....	0gr,10
Baume nerval................	48 grammes.

En frictions.

Frictions à l'extérieur :

Cicutine..................	1 gramme.
Alcool....................	100 grammes.

En frictions.

Mixture de cicutine :

Cicutine..................	III gouttes.
Alcool à 60°..............	15 grammes.

Mêlez. — De 5 à 15 gouttes par jour.

Cicutine (Bromhydrate de). — $C^{16}H^{17}AzHBr$.

Descr. — Sel incolore en tables hexagonales, assez soluble dans l'eau et l'alcool.

Mode d'emploi.

Granules de bromhydrate de cicutine:

Bromhydrate de cicutine....	2 grammes.
Sucre de lait...............	Q. S.
Sirop de gomme............	Q. S.

F. S. A. 1000 granules. Chaque granule contient 2 milligrammes de sel.

Injection hypodermique (Dujardin-Beaumetz) :

Bromhydrate de cicutine crist....	0gr,50
Alcool.........................	1gr,80
Eau de laurier-cerise.............	23 grammes.

Sirop (Dujardin-Beaumetz) :

Bromhydrate de cicutine..	1 gramme.
Sirop simple............	999 grammes.

10 grammes renferment 0gr,01 de sel. 2 à 4 cuillerées à café en 24 heures.

Solution de bromhydrate de cicutine :

Bromhydrate de cicutine.........	0gr,20
Eau de menthe.................	50 grammes.
Eau distillée.	250 —

Mêlez. — Une cuillerée à bouche contient 0gr,01 de sel.

Doses. — La dose en une seule fois ne doit pas dépasser pour la cicutine 1/2 milligramme et pour ses sels 1 milligramme. Cette dose peut être répétée plusieurs fois dans les 24 heures lorsque le sujet aura été accoutumé. En tous cas il ne faut pas dépasser la dose de 2 milligrammes en 24 heures.

Cinchonamine. — $C^{38}H^{24}Az^{2}O^{2}$. Eq.

Prov. — Alcaloïde retiré des écorces de *Remijia purdiana*, Rubiacées, et découvert par M. Arnaud.

Descr. — Cristaux en longs prismes. Incolores, brillants. Insoluble dans l'eau froide. Il se dissout dans 100 parties d'éther et 32 parties d'alcool. Fond à 195°. Pouvoir rotatoire = — 117°.

Réactions. — L'azotate de cinchonamine présente une propriété spéciale. Il est presque insoluble dans l'eau acidulée par 10 ou 15 p. 100 d'acide chlorhydrique. La cinchonamine peut donc servir à l'analyse pour déceler facilement l'acide azotique dans un mélange quelconque (Arnaud).

Prop. phys. — Il exerce sur le cœur des animaux une action paralysante diastolique. Il augmente la sécrétion salivaire par suite d'une action sur la glande elle-même, indépendamment de son influence sur le système nerveux central. Il produit à la dose minimum de 17 centigrammes, introduite dans l'estomac d'un chien de 4 kilos, des phénomènes convulsifs précédés de l'abaissement de la pression sanguine et accompagnés de troubles cérébraux qui ressemblent à des hallucinations.

Prop. thér. — Le sulfate de cinchonamine produit une diminution graduelle des forces des centres nerveux; il diminue en nombre et en force les battements du cœur. Succédané de la quinine il est quatre fois plus actif qu'elle.

Dose. — On donne la cinchonamine en pilules ou cachets de 0gr,10 à la dose de 1 à 5 par jour.

Cinchonicine. — $C^{40}H^{24}Az^{2}O^{2}$. Eq.

Prép. — On l'obtient en ajoutant de l'eau et de l'acide sulfurique à du sulfate de cinchonine et en chauffant à 130° pendant plusieurs heures; le produit est du sulfate de cinchonicine; on le décompose par un alcali.

DESC. — Masse résineuse, fusible à 50°. Très soluble dans l'alcool, l'éther et le chloroforme. Elle est dextrogyre = +46°,5 en solution chloroformique. Base énergique.

PROP. THÉR. — La cinchonicine jouit de propriétés fébrifuges et toniques, mais elle est convulsivante.

DOSE. — 10 centigrammes par jour.

Cinchonidine. — $C^{40}H^{24}Az^2O^2$. Eq.

PROV. — Extrait du *Cinchona succirubra*, quinquina cultivé des Indes.

DESCR. — Cristaux en prismes rhomboïdaux obliques, volumineux, incolores et éclatants, ne contenant pas d'eau de cristallisation, fusibles à 206°. Soluble dans 1680 parties d'eau. Très soluble dans l'alcool et le chloroforme; pouvoir rotatoire fortement lévogyre. Alcali énergique.

PROP. THÉR. — On l'emploie comme tonique et antispasmodique contre les fièvres, les névralgies, le rhumatisme et la sciatique: la cinchonine est antipyrétique, et, succédané de la quinine, est aussi active qu'elle.

Cinchonidine (Bromhydrate de).
$C^{40}H^{24}Az^2O^2,2HBr$.

PRÉP. — On l'obtient en versant une solution de bromure de baryum dans une solution de cinchonidine, on filtre, on évapore et on fait cristalliser.

MODE D'EMPLOI.

Injections sous-cutanées :

Bromhydrate de cinchonidine...	10	grammes.
Eau distillée..................	50	—

Un centimètre cube contient $0^{gr},20$ de sel.

Pilules et cachets de bromhydrate de cinchonidine :

Bromhydrate de cinchonidine à la dose de 25 centigrammes, deux fois par jour.

Cinchonidine (Salicylate de).

PROP. THÉR. — Usité en Angleterre comme tonique et antispasmodique contre les fièvres, les névralgies et la sciatique.

MODE D'EMPLOI. — Pilules ou cachets de 10 centigrammes. Toutes les 2 heures.

Cinchonidine (Sulfate de).

DESCR. — Soluble dans 50 parties d'alcool et 100 parties d'eau; isomère du sulfate de cinchonine. Polarise à gauche le plan de polarisation.

MODE D'EMPLOI. — DOSES.

Pilules de sulfate de cinchonidine :

Sulfate de cinchonidine.......	1 gramme.
Glycérine....................	0gr,50
Gomme adraganthe..........	0gr,25

F.S.A. 10 pilules. Dose de 1 à 5 par jour.

Cinchonine. — $C^{40}H^{24}Az^{2}O^{2}$. Eq.

PROV. — Alcaloïde extrait du quinquina gris.

PRÉP. — Pelletier et Caventou ont préparé la cinchonine en précipitant par la soude les eaux-mères du sulfate de quinine et en les faisant cristalliser dans l'alcool. Duncan l'a obtenue directement du quinquina gris en le traitant par la chaux et en suivant le procédé employé pour obtenir le sulfate de quinine.

DESCR. — Cristaux incolores rectangulaires, obliques. Fond à 257°. Soluble dans 3800 parties d'eau, 370 parties d'éther, 140 parties d'alcool, soluble dans le chloroforme. Pouvoir rotatoire = + 213° Bleuit le papier de tournesol.

Réaction. — Chauffée avec le bichlorure de mercure la cinchonine se colore en rouge violacé.

Prop. phys. — La cinchonine est localement moins irritante que la quinine. Introduite dans le sang, elle produit moins de bourdonnement que la quinine, mais beaucoup de céphalalgie, même à petites doses. Elle est nauséeuse. A forte dose elle produit mal de tête avec contraction des tempes, faiblesse musculaire, défaillance, pâleur de la face, lenteur du pouls, nausées, vomissements. La cinchonine produit ses effets physiologiques très rapidement, mais ils disparaissent très rapidement par élimination et destruction de la substance.

Prop. thér. — Dans les cas de fièvres pernicieuses, la cinchonine peut être donnée avec avantage à cause de la rapidité de son action et de sa non-accumulation, il convient de la donner à de petites doses $0^{gr},20$ à la fois et répéter convenablement son administration. Elle est prescrite aussi contre les fièvres paludéennes, mais, en général, la cinchonine améliore l'état général, et, pour couper la fièvre, il faut recourir au sulfate de quinine.

Doses. — La cinchonine se donne à la dose de $0^{gr},20$ que l'on peut répéter jusqu'à dix fois par jour.

Cinchonine (Chlorhydrate neutre de).

$C^{40}H^{24}Az^{2}O^{2}2HCl$.

Beaux prismes rhomboïdaux droits.

Cinchonine (Chlorhydrate basique de).

$C^{40}H^{24}Az^{2}O^{2}HCl + 2H^{2}O^{2}$.

Longues aiguilles inaltérables à l'air, solubles dans 24 parties d'eau.

Cinchonine (Iodosulfate de).

Syn. Antiseptol.

PRÉP. — On dissout le sulfate de cinchonine, 12 grammes par litre d'eau et on précipite par une solution d'iodure de potassium ioduré P. E., 20 grammes p. 1000 d'eau, il se produit un précipité que l'on recueille sur un filtre et qu'on lave à l'eau et on fait sécher à air libre (Yvon).

DESCR. — Poudre légère, de couleur brune kermès, inodore.

SOLUBILITÉ. — Insoluble dans l'eau, soluble dans l'alcool et le chloroforme, renferme 50 p. 100 d'iode.

PRÉP. ANTIS. — S'emploie à la place de l'iodoforme et dans les essais thérapeutiques il s'est montré tout aussi efficace que ce dernier.

Cinchonine (Sulfate neutre de).
$C^{40}H^{24}Az^{2}O^{2}S^{2}H^{2}O^{8}+3H^{2}O^{2}$.
Cristallise en octaèdres rhomboïdaux droits.

Cinchonine (Sulfate basique de) $(C^{40}H^{24}Az^{2}O^{2})^{2}S^{2}H^{2}O^{8}+2H^{2}O^{2}$, prismes rhomboïdaux, inaltérables à l'air, soluble dans 65 parties d'eau. C'est le sel usité.

MODE D'EMPLOI.

Cachets médicamenteux :

Sulfate de cinchonine.......	2 grammes.

Divisez en 10 cachets.

Pilules de sulfate de cinchonine :

Sulfate de cinchonine.......	2 grammes.
Miel blanc..................	Q. S.

F. S. A. 20 pilules.

Cocaïne. — $C^{34}H^{21}AzO^{8}$.Eq.

PROV. — Alcaloïde retiré de l'*Erythroxylum Coca*.

PRÉP. — Les feuilles de coca sont traitées par de

l'eau à 60-80°, la solution obtenue est précipitée par le sous-acétate de plomb, filtrée et débarrassée du plomb par addition de sulfate de soude. On ajoute du carbonate de soude jusqu'à léger excès alcalin et on agite la solution avec de l'éther qui s'empare de la cocaïne. Il ne reste plus qu'à purifier la cocaïne en faisant le chlorhydrate, le dialysant et on reprécipite la cocaïne par du carbonate de soude.

Descr. — La cocaïne a été isolée par Niemann ; elle cristallise en prismes monocliniques à quatre pans ; elle fond à 98°. Inodore, incolore, faiblement soluble dans l'eau qui en dissout 1/700 ; plus soluble dans l'alcool, très soluble dans l'éther et la vaseline. Les solutions sont alcalines.

Réactions. — Lorsqu'on fait agir sur la cocaïne l'acide chlorhydrique concentré il y a dédoublement en acide benzoïque, ecgonine (nouvelle base) et alcool méthylique.

La cocaïne est traitée dans une capsule en porcelaine par quelques gouttes d'acide azotique (poids spécifique 1,4), on évapore au bain-marie jusqu'à siccité, le résidu refroidi prend une belle coloration violette, si on le chauffe au bain-marie avec quelques gouttes d'une solution de potasse dans l'alcool éthylique ou préférablement dans l'alcool amylique. L'atropine dans les mêmes conditions prend cette coloration à froid, tandis qu'il faut une certaine température pour que la réaction se manifeste avec la cocaïne.

Prop. phys. — MM. les Drs Bordereau, Coupard et Laborde en ont fait l'étude physiologique. Ils ont injecté 3 centigrammes de sel de cocaïne à un cobaye du poids de 300 grammes. Dix minutes après l'injection se sont produits des phénomènes convulsifs généralisés, puis on observe successivement la perte complète du réflexe oculaire, l'insensibilisation à la piqûre et aux pincements, tandis qu'un chatouillement léger ou un souffle léger sur l'animal provoque des mouvements réflexes; une dilatation pupillaire très accentuée, une parésie motrice du train postérieur, à la suite d'accès convulsifs que l'on provoque facilement par des excitations périphériques. Malgré le retour du réflexe oculaire au bout d'une heure environ, la cessation de mydriase et le retour à la station normale avec persistance notable de l'insensibilité générale, l'animal succombait.

Prop. thér. — La cocaïne jouit à un haut degré de la propriété anesthésique locale à l'égard de l'œil. Elle insensibilise complètement la cornée en deux ou trois minutes, ce qui permet d'extraire les corps étrangers implantés dans la cornée. Avec plusieurs instillations l'anesthésie est complète et on peut faire alors toutes les opérations (cataracte, strabisme). Elle rend de grands services dans la sclérose de la cornée, l'iritis et l'iridochoroïdite; mais son action est nulle quand l'œil est enflammé. La dyspnée disparaît par un badigeonnage du pharynx à 2/100, il en est de même du hoquet. Grâce à la cocaïne on fait disparaître des douleurs violentes gastro-intestinales.

L'emploi de la cocaïne est indiqué pour anesthésier le pharynx et les cordes vocales; aussi rend-elle de grands services dans la laryngite aiguë, les ulcérations de l'épiglotte et la douleur est promptement calmée.

Les badigeonnages avec une solution à 1/10 font cesser les vomissements incoercibles chez les hystériques, font cesser les douleurs dans le cas de brûlures, l'érisypèle de la face, le prurit de l'anus, le vaginisme, le spasme vulvaire.

En gynécologie on l'emploie pour supprimer les douleurs de l'accouchement, en badigeonnant avec une solution de cocaïne le col de l'utérus, les parois vaginales et la vulve. Ce médicament guérit les fissures du sein sans faire cesser l'allaitement.

La cocaïne appliquée sous forme de poudre, en insufflation, guérit le coryza et la coqueluche des enfants.

En odontologie, la cocaïne permet l'avulsion des dents, elle calme la douleur dans les affections primitives de la gencive, la périostite, les affections des muqueuses buccales et même l'épithélioma de la langue.

En petite chirurgie, elle permet de faire des opérations de courte durée avec anesthésie, ouverture d'un abcès, d'un anthrax, d'un panaris, et surtout dans le cas de fistule anale, où le chloroforme est contre-indiqué.

Quelques gouttes de cocaïne en solution font cesser les douleurs produites par les vésicatoires.

MODE D'EMPLOI.

Pommade à la cocaïne :

Cocaïne....................	1 gramme.
Vaseline....................	20 grammes.

F. S. A.

Coton à la cocaïne :

Solution à 3 0/0 de cocaine dans l'éther.	1 partie.
Coton absorbant......................	1 —

Faites sécher dans un courant d'air.

Cocaïne (Chlorhydrate de). — $C^{34}H^{21}AzO^{8}HCl$.

DESCR. — Sel cristallisé en petits prismes à quatre pans tronqués par une face terminale. On obtient les cristaux en solution alcoolique. C'est le sel de cocaïne qui cristallise le mieux.

PROP. THÉR. — Sel de cocaïne le plus usité et ayant

les propriétés thérapeutiques et physiologiques signalées plus haut à l'article *Cocaïne.*

MODE D'EMPLOI.

Solution de chlorhydrate de cocaïne :

Cocaïne pure.............	1 gramme.
Eau distillée.............	50 grammes.

Triturez, puis ajoutez goutte à goutte de l'acide chlorhydrique jusqu'à dissolution complète. Versez ensuite goutte à goutte une solution à 25 p. 100 de carbonate de soude pur jusqu'à neutralisation au tournesol; filtrez et conservez en un flacon noir bouché à l'émeri.

Solution forte :

Chlorhydrate de cocaïne....	1 gramme.
Eau distillée...............	20 grammes.

Collyre antiseptique à la cocaïne (Jeannel) :

Chlorhydrate de cocaïne.....	0gr,50
Bichlorure de mercure......	0 ,002
Eau distillée chaude........	10 grammes.

F. dissoudre. Instillation et badigeonnage entre les paupières.

Gargarisme analgésique à la cocaïne :

Chlorhydrate de cocaïne..........	0gr,10 à 0gr,30
Miel rosat......................	20 grammes.
Infusion de feuilles de coca à 1 0/0	200 —

Filtrez.

Boulettes de cocaïne contre les maux de dents :

Chlorhydrate de cocaïne......	1 gramme.
Menthol.....................	1 —
Opium pulv..................	4 grammes.

Poudre de guimauve et mucilage de gomme. Q. S.

F. S. A. boulettes de 3 centigrammes à mettre dans les dents creuses.

DOSES. — A l'intérieur de 1 à 5 centigrammes.

Cocaïne (Citrate de).

DESCR. — Petits cristaux blancs déliquescents.

PROP. THÉR. — Préconisé dans la pratique de l'art dentaire.

MODE D'EMPLOI. — Pilules de 3 centigrammes qui, enveloppées de coton et humectées sont portées dans la cavité des dents cassées et produisent aussi l'anesthésie de la pulpe.

Cocaïne (Phénate de).

PRÉP. — On dissout dans l'alcool de la cocaïne pure et on ajoute une solution alcoolique d'acide phénique jusqu'à saturation. L'évaporation de l'alcool donne le sel.

PROP. THÉR. — On emploie ce sel avec avantage dans les convulsions dentaires. Il est usité dans la surdité provenant du catarrhe de la trompe d'Eustache ou du conduit auditif. La solution à 10 p. 100 de phénate de cocaïne atténue la douleur des laryngites appliquée en badigeonnage ; en oculistique on l'applique sur les paupières pour tarir les catarrhes de la conjonctive.

La poudre de phénate de cocaïne, prisée à la dose de 3 à 5 centigrammes, coupe court aux rhumes de cerveau.

Enfin le phénate de cocaïne, à la dose de 1 à 2 milligrammes en pilules ou en capsules, calme la gastralgie chronique.

Cocaïne (Saccharate de).

PRÉP. — On l'obtient en combinant une solution alcoolique de saccharine avec de la cocaïne en solution alcoolique. On laisse évaporer l'alcool.

DESCR. — Poudre blanche soluble dans l'eau, agréable au goût.

PROP. THÉR. — On l'emploie en solution pour attouchements ou applications dans la bouche ou la gorge des jeunes enfants.

Cocaïne (Salicylate de).

PROP. THÉR. — Recommandé en oculistique à cause de la conservation parfaite de ses solutions.

Codamine. — $C^{20}H^{26}AzO^{4}$.

PROV. — Alcaloïde retiré de l'opium, par Hesse.

DESCR. — La codamine cristallise en prismes hexagonaux, anhydres, d'une saveur très amère, à réaction fortement alcaline, un peu soluble dans l'eau, soluble dans le chloroforme, l'éther et la benzine. Fond à 121°.

RÉACTIONS. — La codamine donne avec le perchlorure de fer et l'acide nitrique une coloration vert foncé. L'acide sulfurique donne une coloration verte.

SELS. — La codamine forme des sels amorphes et amers.

PROP. PHYS. ET THÉR. — La codamine possède des propriétés calmantes et hypnotiques, mais les expériences physiologiques et thérapeutiques qu'on a faites avec ce produit ne sont pas assez précises pour la faire admettre dans la thérapeutique usuelle.

Codéine. — $C^{36}H^{21}AzO^{6}+H^{2}O^{2}$.

SYN. — Morphine-méthine.

PRÉP. — La codéine a été obtenue par Robiquet et Gregory en traitant les eaux mères de la préparation de la morphine (par le chlorure de calcium) en ajoutant de la potasse qui précipite la codéine.

DESCR. — Cristaux volumineux du système orthorhombique. Fond à 180°. Soluble dans l'alcool et l'éther; 1 partie de codéine se dissout dans 100 parties d'eau, peu soluble dans le chloroforme. Son pouvoir rotatoire lévogyre est de $\alpha = -118°,2$.

Réactions. — Un cristal de codéine arrosé d'acide sulfurique contenant un peu de sel de fer donne une coloration bleue.

Prop. phys. — Claude Bernard avait constaté dans ses expériences que la codéine donnée à dose assez forte chez les animaux et sur l'homme ne produisait qu'un sommeil bien léger. La codéine n'amène le sommeil que d'une façon indirecte en faisant cesser les phénomènes qui s'opposent au sommeil, la toux par exemple.

Prop. thér. — La codéine réussit très bien chez les malades atteints de bronchite aiguë, arrivés à la période d'hyperesthésie et de spasmes des bronches, la toux est calmée, le malade ressent un bien-être; la codéine ne doit être employée que chez les adultes, elle est très dangereuse pour les enfants. On l'emploie contre la toux incessante des phthisiques et l'asthme. La codéine est employée dans le diabète, car elle diminue la quantité de sucre.

Mode d'emploi.

Sirop de codéine (Codex) :

20 grammes contiennent 0gr,04 de codéine.

10 à 40 grammes par jour.

Potion de codéine :

Sirop de codéine	30	grammes.
Infusion de feuilles d'oranger	100	—

Mêlez. — Par cuillerées toutes les heures.

Pilules de codéine :

Codéine cristallisée	0gr,20
Thridace	0 ,20

F. S. A. 10 pilules à la dose de 1 à 2 par jour.

Codéine (Phosphate de). — $(C^{36}H^{21}AzO^{6}.3HO.PhO^{5})^{2}$.

DESCR. — Sel cristallisé en houppes soluble dans 4 parties d'eau et contenant 70 p. 100 d'alcaloïde.

MODE D'EMPLOI.

Injection hypodermique :

Phosphate de codéine	0gr,025
Eau distillée	1 gramme.

Codéine (Chlorhydrate de).

DESCR. — Sel cristallisé en aiguilles courbes et fines groupées en étoiles. Soluble dans 20 parties d'eau froide et 1 partie d'eau bouillante.

Codéine (Sulfate de).

DESCR. — Sel cristallisé en prismes rhombiques solubles dans 30 fois leur poids d'eau et très solubles dans l'eau chaude.

Colchicine. — $C^{34}H^{19}AzO^{10}$.

PROV. — La colchicine est l'alcaloïde du *Colchicum autumnale.*

PRÉP. — Procédé de Houdé. On épuise par lixiviation 35 parties de semences de colchique par 100 parties d'alcool à 96°. Les liqueurs réunies et filtrées sont distillées de façon à retirer la totalité de l'alcool et l'extrait obtenu est agité à plusieurs reprises avec son volume d'une solution d'acide tartrique à 1/20 qui sépare les matières grasses et résineuses, tandis que la colchicine passe dans la solution acide. Celle-ci est décantée, filtrée et agitée avec un excès de chloroforme qui enlève le principe actif à la liqueur acide sans addition préalable d'alcali. On purifie la colchicine cristallisée obtenue par l'évaporation du chloroforme en la redissolvant plusieurs fois dans un mélange à parties égales de chloroforme, d'alcool et de benzine et en laissant évaporer spontanément la solution.

Rendement. — Un kilogramme de semences de colchique donne 3 grammes de colchicine; la même quantité de bulbes ne donne que 0gr,40 d'alcaloïde (A. Houdé).

Descr. — Cristaux en aiguilles incolores, inodores, à saveur amère et âcre. Soluble dans l'eau, l'alcool et le chloroforme, fond à 152°. Elle a été étudiée par Pelletier, Hesse et Houdé.

Réactions. — Avec l'acide nitrique, la colchicine donne une coloration jaune puis verte, rouge, violet et enfin disparaît. Avec addition d'un alcali, coloration rouge persistante. — Avec l'acide sulfurique concentré et addition d'un cristal d'azotate de potasse on obtient une coloration bleue, verte, enfin violette. — Avec le sulfovanadate de potasse coloration violette.

Prop. phys. — La colchicine est moyennement toxique. Son principal effet est de déterminer un collapsus avec stupeur sans anesthésie. Elle modifie notablement le fonctionnement du cœur et les phénomènes respiratoires mécaniques. Elle agit sur l'estomac en provoquant des vomissements, et sur l'intestin elle provoque des selles abondantes.

Prop. thér. — D'après MM. Laborde et Houdé, la colchicine serait un spécifique de la goutte; elle serait un curatif en même temps qu'un préventif de l'accès de goutte. Elle agit aussi contre les affections nerveuses. A doses plus élevées la colchicine est aussi un diurétique et un purgatif.

Mode d'emploi.

Granules de colchicine (Houdé):

Colchicine cristallisée........	0gr,060
Sucre de lait...............	4 grammes.
Gomme arabique...........	0gr,50
Sirop de sucre..............	1 gramme.

M. et F. S. A. 60 granules ; de 4 à 6 dans les 24 heures.

Solution hypodermique (Houdé) :

Colchicine cristallisée......	0gr,05
Alcool à 21°...............	20 grammes.

F. S. A. 1 centimètre cube contient 2 milligrammes et demi de colchicine.

Vin de colchicine cristallisée (Houdé) :

Colchicine cristallisée.......	0gr,050
Vin de Grenache............	230 grammes.

F. dissoudre. Une cuillerée à café renferme 1 milligramme de colchicine. De 2 à 5 par jour.

Doses. — La dose usuelle est de 1/2 milligramme de colchicine cristallisée. La dose maximum dans les 24 heures est de 2 milligrammes.

Conessine. — $C^{24}H^{40}Az^{2}O$. At.

Syn. — Wrightine.

Prov. — Alcaloïde extrait de l'écorce de *Wrightia antidyssenterica*, vulgo *Conessi*, Apocynacées, par Haines.

Descr. — Cristaux blancs enchevêtrés, fusible à 121°, saveur amère, insoluble dans le sulfure de carbone, soluble dans l'alcool, l'éther, l'eau bouillante et le chloroforme.

Réactions. — Les solutions de conessine précipitent par le chlorure de platine, le chlorure de mercure et le tannin. La solution additionnée d'un peu d'acide sulfurique et chauffée donne presque toujours une coloration verte et quelquefois violette.

PROP. THÉR. — Remède spécifique de la diarrhée, de la dysenterie, des hémorrhagies et des coliques néphrétiques. C'est un antiseptique, fébrifuge énergique, succédané de la quinine, tonique et vermifuge.

Coptine.

PROV. — Alcaloïde extrait du *Coptis trifolia*, Renonculacées, par Gross.

DESCR. — Corps cristallisé incolore, soluble dans l'eau et l'alcool.

RÉACTIONS. — L'acide sulfurique la dissout et en chauffant la liqueur devient rouge pourpre. La coptine donne avec l'iodure double de mercure et de potassium un précipité cristallisé.

PROP. PHYS. — Tonique amer, fébrifuge.

PROP. THER. — C'est un tonique amer que l'on emploie dans la débilité et la convalescence, la dyspepsie atonique et les fièvres intermittentes légères.

MODE D'EMPLOI. DOSES. — Pilules à 10 centigrammes à la dose de 1 à 10 par jour.

Corydaline. — $C^{18}H^{19}AzO^{4}$.

PROV. — Alcaloïde extrait des tubercules de la racine des *Corydalis tuberosa*, *bulbosa*, *fabacea*, Fumariacées, par Wicke, ou de la racine d'*Aristolochia cava*, Aristolochiées, par Wackenroder.

DESCR. — Corps en gros prismes courts ou en aiguilles fines et déliées. Fond à 135°. Insoluble dans l'eau, soluble dans l'éther et le chloroforme, moyennement soluble dans l'alcool. Soluble dans le sulfure de carbone, la benzine et l'essence de térébenthine. Saveur amère. Réaction alcaline.

RÉACTIONS. — L'acide sulfurique donne une liqueur jaune rouge. L'acide azotique produit un composé brun rouge.

Prop. phys. — Diurétique, tonique, altérant, emménagogue.

Prop. thér. — On l'emploie dans les affections syphilitiques, scrofuleuses et cutanées.

Dose. — De 5 milligrammes à 1 centigramme par dose et de 5 à 20 centigrammes pour 24 heures.

Cryptopine. — $C^{42}H^{25}AzO^{10}$. Eq.

Prov. — Alcaloïde extrait de l'opium par M. Smith.

Descr. — La cryptopine cristallise en prismes hexaèdres ou en granulations cristallines. Fond à 217°. Très soluble dans le chloroforme. Très peu soluble dans la benzine et dans l'alcool même bouillants. Insoluble dans l'éther. Base énergique. Pouvoir rotatoire nul.

Réactions. — La solution de cryptopine dans l'acide azotique concentré se colore peu à peu en jaune. L'acide sulfurique additionné d'une goutte de perchlorure de fer donne une teinte violette, et chauffée devient verte.

Sels. — Les sels de cryptopine sont gélatineux, mais on parvient à les faire cristalliser à la longue.

Prop. phys. et thér. — La cryptopine possède des propriétés calmantes et hypnotiques ; mais les expériences physiologiques et thérapeutiques qu'on a tentées avec elle ne sont pas assez concluantes pour la faire admettre dans la thérapeutique usuelle.

Curarine — $C^{36}H^{35}Az$.Eq.

Prov. — Alcaloïde retiré du curare par Boussingault et Roulin.

Descr. — Masse amorphe jaune, translucide en couches minces. Déliquescent. Très soluble dans l'eau et l'alcool, insoluble dans l'éther. Réaction alcaline. Saveur amère.

Réactions. — L'acide azotique concentré colore

la curarine en rouge sang. L'acide sulfurique concentré donne une teinte bleue caractéristique.

Prop. phys. — La curarine possède les propriétés physiologiques avec une action 20 fois plus forte que celle du curare; elle donne la paralysie musculaire. La mort arrive par paralysie du grand sympathique et arrêt du cœur.

Prop. thér. — On emploie la curarine contre l'hypersécrétion biliaire et l'hydrophobie, l'épilepsie.

Mode d'emploi. — Doses.

La curarine s'emploie à la dose de 1/10 de milligrammes sous forme d'injection, sous-cutanées.

Injection sous-cutanée de curarine :

Curarine........................	0gr,0015
Eau distillée....................	4 grammes.

A la dose de 2 à 3 gouttes.

Cusparine. — $C^{19}H^{17}AzO^3$.

Prov. — Alcaloïde extrait du *Galipea cusparia*, angusture vraie, Rutacées, par Korner.

Descr. — Cristaux en longues aiguilles mamelonnées. Soluble dans l'éther et l'alcool bouillant. Fond à 92°. Sels solubles dans l'eau.

Réactions. — Traitée par la potasse, la cusparine se dédouble en un acide de la série aromatique et et un nouvel alcaloïde qui cristallise dans l'alcool bouillant en petites aiguilles aplaties, brillantes, se décomposant sans fondre à 250°.

Prop. phys. — Fébrifuge.

Prop. thér. — La cusparine possède des propriétés antipériodiques et toniques; mais les expériences physiologiques et thérapeutiques tentées avec cet alcaloïde ne sont pas assez précises pour le faire admettre dans la thérapeutique courante.

Cytisine. — $C^{40}A^{27}Az^{3}O^{2}$.Eq[8].

PROV. — Alcaloïde extrait des semences du *Cytisus laburnum* par Chevallier et Lassaigne.

DESCR. — Masses cristallines radiées. Fond à 154°. Se sublime en fines aiguilles, soluble en toute proportion dans l'eau et l'alcool, insoluble dans l'éther, le chloroforme, la benzine et le sulfure de carbone. Base énergique.

RÉACTIONS. — L'eau bromée, même très étendue, la précipite en jaune orangé. On obtient la même réaction avec l'iodo-mercurate de potassium et l'acide nitrosulfurique.

PROP. PHYS. — La cytisine est un violent poison agissant par asphyxie, mais s'éliminant rapidement par les vomissements ou la diurèse. Il est rare que son intoxication soit suivie de mort. Par voie intraveineuse son action est analogue à celle du curare.

PROP. THÉR. — L'action éméto-cathartique de la cytisine étant trop largement compensée par son action asphyxiante et curarisante, la grande difficulté de son maniement s'est opposée jusqu'à ce jour à son emploi en médecine.

Delphine. — $C^{22}A^{35}AzO^{6}$.At.

PROV. — Alcaloïde extrait des semences de *Delphinium staphisagria*, Renonculacées, par Lassaigne.

DESCR. — Cristaux rhomboïdiques. Soluble à 20° dans 500 000 parties d'eau, 20 p. d'alcool à 95°, 11 parties d'éther et 15 parties de chloroforme. Pouvoir rotatoire nul.

RÉACTIONS. — Quand on dissout la delphine dans une solution faible d'alcali et qu'on ajoute un ou 2 volumes d'acide malique, puis une goutte d'acide sulfurique, on obtient une masse orange, qui devient rouge au bout de quelques heures, puis bleu de cobalt.

Comp. — Le *Delphinium staphysagria* contient aussi la *delphinoïdine* $C^{42}H^{68}Az^{2}O^{7}$ soluble dans l'alcool, le chloroforme, l'éther, et dans 6000 fois son poids d'eau.

La *delphisine.* — $C^{27}H^{46}Az^{2}O^{4}$ soluble dans l'alcool et le chloroforme.

La *staphisagrine.* — $C^{22}H^{33}AzO^{5}$ soluble dans l'eau, insoluble dans l'éther.

Prop. phys. — Poison du cœur, possède toutes les propriétés physiologiques de la vératrine.

La delphine tient le milieu entre la vératrine et l'aconitine; elle agit comme irritant local et provoque le vomissement et la diarrhée à la façon de la vératrine, mais il faut bien noter qu'elle est, comme l'aconitine, un poison bulbo-médullaire et n'agit pas du tout directement sur la cellule musculaire comme le fait la vératrine. Ce fait est important à établir au point de vue des indications.

La delphine, en effet, exerce comme l'aconitine une action vaso-motrice et paralyse les nerfs moteurs et sensibles, elle tue par asphyxie.

Prop. thér. — Utilisée contre l'hydropisie, l'asthme spasmodique. On l'emploie en applications locales comme la vératrine dans les névralgies, les maux d'oreilles et les maux de dents.

On doit la considérer comme un succédané de l'aconitine qu'elle peut remplacer dans le traitement du tic douloureux et des névralgies congestives. On peut également la prescrire dans les phénomènes congestifs du système respiratoire. Toutes les autres applications qui en ont été faites sont empiriques, entre autres le traitement des engorgements ganglionnaires par des topiques à demeure.

Mode d'emploi. Dose.

Pilules de delphine :

Delphine................	0gr,025
Extrait de gentiane.......	0gr,20

F. S. A. 10 pilules à la dose de 1 à 2 par jour.

Huile de delphine :

Delphine..................	1 gramme.
Huile d'olive..............	100 grammes.

M. S. A. Pour frictions.

Granules de delphine :

A un milligramme, à la dose de 1 à 5 granules par jour.

Ditamine. — $C^{38}H^{19}AzO^4$.

Prov. — Alcaloïde extrait de l'*Alstonia scholaris*, vulgo *Dita*, Apocynacées.

Descr. — Poudre amorphe, fusible à 75°. Soluble dans l'alcool, l'éther, le chloroforme et la benzine. La ditamine est facilement soluble dans les acides étendus et est précipitée en flocons de ces solutions par addition d'ammoniaque.

Prop. phys. —Tonique, anthelminthique, fébrifuge, stimulant du système nerveux. Possédant les propriétés physiologiques de la quinine et de la strychnine.

Prop. thér. — On l'a proposée comme succédané de la quinine. On la prescrit dans les fièvres typhoïdes et les fièvres puerpérales, dans la diarrhée chronique, la dysenterie, la débilité qui suit les fièvres et pour rétablir les fonctions digestives.

Doses. — On l'emploie à dose de 0gr,01 en pilules à la dose de 1 à 3 par jour.

Doundakine. — $C^{28}H^{19}AzO^{13}$.

Prov. — Alcaloïde extrait du doundaké, *Sarcocephalus esculentus*, Rubiacées, par M. Schlagdenhaufen.

Descr. — Poudre jaunâtre formée de cristaux macroscopiques octaédriques. Soluble dans l'eau et l'alcool.

RÉACTION. — Réaction nettement alcaline. Précipite par les réactifs ordinaires des alcaloïdes.

PROP. PHYS. — Injectée sous la peau elle diminue les mouvements réflexes, la sensibilité disparaît peu à peu. La pression sanguine s'abaisse, puis s'élève. Les battements du cœur et la respiration finit par se ralentir. Fébrifuge et antipériodique.

PROP. THÉR. — La doundakine est un astringent et un fébrifuge susceptible de remplacer la quinine. On la présente contre l'anorexie, les troubles gastro-intestinaux, l'anémie, les cachexies, la scrofule, la paralysie et les maladies nerveuses. On recommande surtout son emploi contre les affections du système nerveux et surtout la paralysie agitante.

DOSES. — Doundakine de 20 à 25 centigrammes.

Drumine.

PROV. — Alcaloïde extrait de l'*Euphorbia Drumondii*, Euphorbiacées, par le Dr Reid.

PROP. PHYS. — Contrairement à la cocaïne qui produit d'abord de l'excitation, la drumine n'a qu'une action paralysante de la sensation, sans produire de l'excitation. Injectée sous la peau elle produit une faiblesse générale avec la diminution de toutes les formes de la sensibilité.

PROP. THÉR. — Le Dr Reid attribue à la drumine les mêmes propriétés qu'à la cocaïne.

Une solution à 4 p. 100 appliquée sur la langue, la main et dans les narines a produit dans tous les cas une anesthésie notable sans supprimer le pouvoir moteur et sans agir sur la pupille de l'œil.

Échitamine. — $C^{44}H^{28}Az^{2}O^{8}+4H^{2}O^{2}$.

SYN. — Ditaïne.

PROV. — Alcaloïde extrait de l'*Alstonia scholaris*, *Dita*, Apocynacées.

DESCR. — Cristaux en gros prismes à troncatures obliques doués d'un éclat vitreux. Soluble dans l'eau, l'alcool et le chloroforme, peu soluble dans l'éther, mais elle se dissout bien dans l'éther quand elle est récemment précipitée. Très peu soluble dans la benzine et l'éther de pétrole. Base énergique. Pouvoir rotatoire = — 28°, 8.

RÉACTIONS. — Avec l'acide sulfurique elle se colore en rouge pourpre. Avec l'acide azotique elle prend une teinte rouge; la coloration disparaît d'abord puis devient verte. L'acide chlorhydrique la colore en rouge pourpre au bout d'un certain temps.

Chauffée avec de l'acide chlorhydrique elle réduit ensuite la liqueur de Fehling, elle produit alors de la diméthylaniline:

$$C^{44}H^{28}Az^{2}O^{8}+2H^{2}O^{2}=C^{12}H^{12}O^{12}+2C^{16}H^{1}Az.$$

PROP. PHYS. — L'action physiologique de la ditaïne est comparable à celle du curare, mais atténuée.

PROP. THÉR. — On l'emploie comme amer et fébrifuge dans les fièvres intermittentes.

DOSES. — On l'emploie à la dose de 5 milligrammes à 1 centigramme.

Échiténine. — $C^{40}H^{27}AzO^{8}$.

PROV. — Alcaloïde extrait de l'*Alstonia scholaris*, *Dita*.

DESCR. — Corps amorphe brunâtre, très amer. Fond à 120°. Soluble dans le chloroforme.

RÉACTIONS. — Les acides sulfurique, azotique et chlorhydrique colorent l'échiténine en rouge.

PROP. PHYS. — Comme plusieurs alcaloïdes des

Apocynacées, l'échiténine possède les propriétés physiologiques de la quinine et de la strychnine. C'est un tonique amer, un fébrifuge et un stimulant du système nerveux.

Prop. thér. — On l'emploie dans les îles de l'Océanie (Java) comme succédané de la quinine. On la prescrit contre les fièvres intermittentes, typhoïdes et puerpérales, la dysenterie, les diarrhées chroniques, la débilité qui suit les fièvres, les maux d'estomac.

Doses. — On l'emploie à la dose de 0gr,01 en pilules à la dose de 1 à 3 jour.

Élatérine. — $C^{20}H^{28}AzO^{5}$.

Prov. — Alcaloïde extrait de l'*Elaterium Momordica*, Cucurbitacées.

Desc. — Cristaux blancs en aiguilles; insoluble dans l'eau, soluble dans l'alcool et le chloroforme.

Prop. thér. — Drastique hydragogue, usité lorsqu'une affection cardiaque est compliquée de lésion rénale. Purgatif, drastique violent. Irritant à l'extérieur, occasionnant des boutons et même des ulcères.

Dose. — De 1 à 5 milligrammes en pilules ou en granules.

Émétine. — $C^{30}H^{22}AzO^{4}$.

Prov. — Alcaloïde extrait du *Cephœlis Ipecacuanha* par Pelletier et Magendie.

Prép. — Procédé Lefort et Würtz. On fait un extrait hydro-alcoolique d'ipéca qu'on dissout dans une petite quantité d'eau et on y ajoute une solution très concentrée d'azotate de potasse, il se forme une masse poisseuse de nitrate d'émétine. Ce précipité est lavé puis dissous dans l'alcool, ce qui donne une liqueur incolore que l'on verse dans un lait de chaux. Le mélange exposé au bain-marie jusqu'à siccité, réduit en poudre, est mis en digestion avec l'éther auquel il abandonne tout son alcaloïde.

Descr. — Cristaux durs, de la grosseur d'un grain de millet, formés de fines aiguilles rayonnant autour d'un centre commun. Fond à 65°. Soluble dans l'éther, le chloroforme, l'éther acétique, l'alcool, le sulfure de carbone, les essences, les huiles lourdes, l'éther de pétrole. Elle est soluble dans 100 parties d'eau froide.

Réactions. — Le tannin précipite en blanc. L'acide sulfurique concentré donne de l'acide oxalique.

Rendement. — L'ipéca annelé, *Cephœlis Ipecacuanha*, contient dans la partie corticale 16 p. 100 d'émétine, l'ipéca strié contient 3 p. 100, l'ipéca blanc, *Richardsonia brasiliensis*, 6 p. 100.

Prop. phys. — MM. d'Ornellas et Polichronie ont fait une étude physiologique complète de l'émétine. L'émétine a la propriété d'irriter les tissus sur lesquels on la dépose. Une petite quantité d'émétine insufflée sur la conjonctive d'un chien y détermine une kérato-conjonctivite des plus intenses. Appliquée sur la peau, elle fait apparaître des pustules comme l'émétique. Administrée par voie stomacale, l'émétine possède des propriétés vomitives et dépressives, elle est expectorante. A faible dose, elle agit sur le nerf pneumogastrique. Elle s'élimine par la salive. D'après M. Legrip 0gr,06 d'émétine correspondent à 1 gramme d'ipéca et 0gr,09 correspondent à 1gr,50 d'ipéca.

Pécholier a observé la diminution du nombre des mouvements circulatoires et le nombre des mouvements respiratoires, de l'abaissement de température, paralysie des nerfs sensitifs, diminution de motricité nerveuse et de la contractibilité musculaire, le collapsus. Pécholier a aussi observé que l'émétine chassait complètement le sang des poumons, et les animaux intoxiqués par l'émétine avaient les poumons exsangues.

PROP. THÉR. — L'action vomitive de l'émétine est recherchée dans le but de débarrasser l'estomac d'aliments indigestes, de mucosités, de poisons, de bile. On excite aussi le vomissement pour obtenir l'hypersécrétion de la muqueuse respiratoire, la cessation momentané d'un érythème phlegmasique ou fébrile, d'une fluxion sanguine, d'une congestion apoplectique, d'une hémorrhagie viscérale, enfin les vomissements arrêtent les diarrhées excessives qui compromettent l'existence par l'abondance même de la spoliation séreuse. Magendie la présente contre l'asthme, la bronchite, le catarrhe bronchique et la coqueluche. Quelques vomissements suffisent pour faire cesser les plus violents accès de suffocation dans l'asthme nerveux aussi bien que dans l'asthme humide. Trousseau et Gubler ont prescrit l'émétine contre la diarrhée et la dysenterie, le choléra infantile, Bourdon et C. Paul l'ont employée contre les diarrhées des tuberculeux.

Dans l'épistaxis, l'hémoptisie, les hémorrhagies et les métrorrhagies, Polichronie a obtenu d'excellents succès tandis que de première vue on pouvait supposer que les vomissements auraient augmenté plutôt l'afflux sanguin. Dans les fièvres et les sueurs de phthisiques, Pécholier a obtenu de bons résultats, tandis que Trousseau trouvait de l'émétine faisant merveille dans l'état puerpéral ou plutôt contre les maladies qui compliquent l'état puerpéral.

MODE D'EMPLOI. DOSES. — En potion ou en solution à la dose de 10 à 15 milligrammes comme émétique et de un demi-milligramme à un milligramme comme expectorant.

Éphédrine.

Prov. — Alcaloïde extrait de l'*Ephedra vulgaris*, Gnétacées.

Descr. — Alcaloïde découvert par le professeur Nagaï (de Tokio).

Le chlorhydrate cristallise en aiguilles très solubles dans l'eau et sa solution ne s'altère pas à la lumière.

Prop. thér. — Le sel d'éphédrine est doué de propriétés mydriatiques assez énergiques. On l'emploie pour faciliter l'examen ophtalmoscopique. L'accommodation est facilement supprimée par ce moyen, sans désagrément pour le malade et sans accident.

Mode d'emploi.

Collyre à l'éphédrine :

Ephédrine..................	0gr,10
Eau distillée	100 grammes.

Instillation de 2 à 3 gouttes (Dr C. Paul).

Ergotinine. — $C^{70}H^{40}Az^{4}O^{12}$.

Prov. — Extrait du seigle ergoté, *Sclerotium clavus*, Champignons.

Prép. — Cet alcaloïde a été découvert par M. Charles Tanret. Ce savant chimiste a indiqué la préparation suivante. Le seigle ergoté finement pulvérisé est épuisé par de l'alcool à 95° et l'alcool obtenu est additionné de soude jusqu'à réaction franchement alcaline. On distille au bain-marie. Le résidu est agité avec une grande quantité d'éther, puis la liqueur éthérée est privée par l'eau d'un savon qu'elle avait dissous. Après séparation de la partie aqueuse, partie fortement colorée, l'éther chargé d'alcaloïde est agité avec une solution d'acide citrique. La solution du citrate formé est lavée à l'éther puis décomposée par le carbonate de potasse en présence de l'éther qui s'empare de l'alcaloïde mis en liberté. On décolore par le noir animal la solution éthérée, puis on distille l'éther, on arrête la distillation quand la liqueur commence à se troubler, on la verse dans une éprouvette bouchée et on la place à l'obscurité dans un endroit frais. Au bout de 20 heures, le vase est tapissé de cristaux, en concentrant de nouveau la liqueur, on obtient de nouveaux cristaux et enfin par évaporation complète on obtient l'ergotine spongieuse et amorphe.

Descr. — Cristaux en aiguilles prismatiques. Insoluble dans l'eau, soluble dans 200 parties d'alcool à 95°, légèrement soluble dans l'éther et le chloroforme. Pouvoir rotatoire + 335°.

L'ergotinine est douée d'une fluorescence violette.

Réactions. — L'acide sulfurique en présence d'un peu d'éther acétique donne une coloration jaune qui se transforme bientôt en violet et en bleu.

Prop. phys. — Cette base est très toxique, détermine des vomissements, sécheresse de la gorge, vertiges, délire, stupeur, pâleur, anesthésie et enfin gangrène des extrémités. A doses convenables l'ergonitine est le meilleur constricteur des vaisseaux et ralentit la circulation. La diurèse est diminuée tout en procurant au patient de fréquentes envie d'uriner. L'ergonitine ralentit aussi la fréquence de la respiration. Sur le système cérébro-spinal, cet alcaloïde agit d'une façon très nette sur le cerveau en produisant l'anesthèsie. Enfin l'ergotinine agit sur l'utérus, qui est le siège d'élection, en lui donnant une dureté plus grande et déterminant des spasmes, en même temps que la tendance à l'hémorrhagie est supprimée.

Prop. thér. — Très efficace dans l'hémostase (hémoptysies, épistaxis, hémorrhagie utérine et rectale). On l'emploie aussi dans l'érysipèle et les affections cérébrales.

M. le docteur Christian a combattu les attaques épileptiformes qui surviennent dans le cours de la paralysie générale et qui déterminent la mort d'un tiers des malades, par des injections sous-cutanées d'ergotinine; deux injections ont suffi pour enrayer les attaques. L'ergotinine réussit dans le prolapsus des fibres et particulièrement des sphincters. On l'emploie contre les spasmes des artérioles et la strangurie. On l'emploie contre la polyurie. On l'administre en gynécologie quand il y a inertie de la matrice, pour combattre la rétention du placenta, expulser les caillots de sang; dans la métrorrhagie puerpérale, l'aménorrhée et la dysménorrhée.

MODE D'EMPLOI.

Injection hypodermique à l'ergotinine (Tanret) :

Ergotinine	0gr,01
Acide lactique	0 ,02
Eau distillée de laurier-cerise	10 grammes.

1 milligr. par cent. cube.

Sirop d'ergonitine (Tanret) :

Ergotinine	0gr,05
Acide lactique	0 ,10
Eau distillée	5 grammes.
Sirop de fleurs d'oranger	995 —

1/4 de milligramme d'ergotinine par cuillerée à café.

Ergotinine (Acétate d').

Poudre grise soluble dans l'eau et convient aux injections hypodermiques (usité en Angleterre).

Dose de 1 à 5 milligrammes d'ergotinine et de ses sels.

Ergotinine (Bromhydrate d'). — $C^{70}H^{40}Az^{4}O^{12}HBr$ (Tanret).

Ce sel cristallise et est assez soluble dans l'eau.

Ergotinine (Chlorhydrate d'). — $C^{70}H^{40}Az^{4}O^{12}HCl$ (Tanret).

Ce sel cristallise et est assez soluble dans l'eau.

Érythrocoralloïdine.

Prov. — Alcaloïde extrait de l'*Erythrina Corallodendron*, Légumineuses, par M. François Rio de la Loza.

Descr. — Cristaux blancs spongieux et groupés; peu soluble dans l'eau, soluble dans l'alcool et le chloroforme, moins soluble dans la benzine et l'éther.

Réactions. — L'acide nitrique la dissout et donne une coloration jaune. En chauffant de l'érythrocoralloïdine avec la soude et y ajoutant une solution de sulfate de fer et de l'acide chlorhydrique on obtient un précipité bleu de Prusse.

Prop. phys. — Hypnotique et sédatif du système nerveux. En injections hypodermiques détermine des phénomènes d'engourdissement et de faiblesse

Prop. thér. — L'érythrocoralloïdine est employée comme sédatif du système nerveux. On a traité la folie avec agitation et insomnie et on a obtenu plusieurs heures de sommeil calme.

Érythrophléine.

Prov. — Alcaloïde extrait de l'*Erythrophlœum guineense*, vulgo *Mancone*, *teli*, par Hardy et Gallois.

Prép. — Cet alcaloïde est obtenu en traitant l'écorce pulvérisée de teli par de l'alcool et de l'acide tartrique. L'extrait alcoolique de ce liquide est sursaturé par le bicarbonate de soude et l'alcaloïde est séparé par l'éther acétique.

Descr. — Cristaux incolores, solubles dans l'alcool et l'éther acétique, peu solubles dans l'éther, le chloroforme et la benzine.

Sel. — Chlorhydrate d'érythrophléine. Cristaux blancs jaunâtres granulés. Soluble dans l'eau. Solution acide et amère.

Prop. phys. — L'érythrophléine est très toxique et doit être considérée comme un poison du cœur. Son action ressemble à celles de la digitaline et de la picrotoxine combinées. Sternutatoire énergique. Produisant des contractions musculaires à partir de la dose de 5 milligrammes. Appliqué localement produit l'anesthésie.

Prop. thér. — On l'emploie contre les affections cardiaques lorsqu'il y a lésion de la valvule mitrale et hydropisie. L'érythrophléine possède un grand effet sur les artérioles et est usitée dans les dilatations du cœur.

Dose. — Granules à 1/10 de milligramme à la dose de 1 à 2 par jour.

Esenbeckine.

Prov. — Alcaloïde extrait des racines de l'*Esenbeckia febrifuga*, Rubiacées, par Am. Eude.

Descr. — Cristallise en octaèdres.

Prop. phys. — Fébrifuge.

Prop. thér. — L'esenbeckine possède des propriétés antipériodiques et toniques, mais les expériences physiologiques et thérapeutiques qu'on a tentées avec elle ne sont pas assez précises pour la faire admettre dans la thérapeutique courante.

Ésérine. — $C^{30}H^{21}Az^{3}O^{4}$. Eq.

Syn. — Physostigmine. Calabarine

Prov. — Alcaloïde extrait de la fève de Calabar, *Physostigma venenosum*, Légumineuses.

Prép. — M. Vée a isolé le premier l'ésérine en employant la méthode suivante. La fève de Calabar pulvérisée et mélangée de 1 p. 100 d'acide tartrique est traitée à trois reprises par trois fois son poids d'alcool à 90° bouillant. On distille les liqueurs réunies et on filtre. On chauffe le résidu au bain-marie pour recueillir l'alcool, puis à air libre en consistance d'extrait ; on le dissout dans une très petite quantité d'eau et on filtre. On agite cette liqueur avec de l'éther deux ou trois fois. La liqueur aqueuse qui contient le tartrate d'ésérine est traitée par du bicarbonate de soude et l'ésérine mise en liberté est alors enlevée par l'éther qui l'abandonne à l'état cristallisé.

Descr. — Cristaux incolores ou légèrement rosés en lames minces de forme rhombique. Fond à 69°. L'ésérine est peu soluble dans l'eau, soluble dans l'alcool, l'éther et le chloroforme.

Réactions. — Traitée par la potasse ou la soude en solution à 1/100 elle se colore en rouge vif. Chauffée au bain-marie dans un bouillon avec de l'ammoniaque, elle donne par évaporation de ce liquide à air libre une magnifique couleur bleue; cette solution traitée par les acides donne une très belle liqueur violette dichroïque, rouge carmin par transmission. M. Vée indique la réaction suivante. L'ésérine colorée en rouge par une solution alcaline est agitée avec du chloroforme qui se charge des principes colorés. Cette réaction permet d'évaluer 1/1000 d'ésérine dans une solution.

Prop. phys. — Introduite dans l'estomac, l'ésérine produit des vertiges, des troubles de la vue, des nausées, de la faiblesse musculaire, du trismus, peau froide d'abord, pâleur du visage, puis congestion de la face, ralentissement du pouls, vomissements ; à dose toxique une soif subite et intense se manifeste, de véritables convulsions agitent les muscles, puis la mort survient avant une demi-heure après l'administration, à moins que des vomissements spontanés ou artificiels ne viennent sauver le sujet. Le phénomène spécial de l'ésérine est la contraction et le resserrement de la pupille qui devient punctiforme, en même temps que le malade perçoit dans l'œil un fourmillement et une sensation de gène. L'ésérine paralyse l'extrémité des muscles moteurs et provoque de la diarrhée.

Prop. thér. — Fraser a appliqué le premier à l'oculistique l'ésérine qui rend des services signalés dans le glaucome, la presbytie, l'ectropion ; son emploi est certain dans les mydriases d'origine syphilitique ou par suite de maladies aiguës. Galezowski l'a préconisé dans les amblyopies alcooliques où la pupille est si dilatée.

L'ésérine est donnée à l'intérieur contre la chorée et le tétanos soit spontané soit traumatique.

Mode d'emploi.

Granules d'ésérine à 1/2 milligramme :
Dose de 1 à 4 granules.

Solution d'ésérine :

Ésérine....................	0gr,06
Eau distillée..............	15 grammes.

En instillations dans l'œil.

Solution d'ésérine à la vaseline :

Ésérine....................	0gr,05
Chloroforme	2 grammes.
Vaseline liquide...........	10 —

Dissolvez l'ésérine dans le chloroforme, mélangez

à la vaseline, chauffez à douce chaleur pour évaporer le chloroforme.

Ésérine (Bromhydrate d').

Prép. — On sature l'ésérine d'acide bromhydrique pur, on évapore la solution jusqu'à consistance sirupeuse.

Descr. — Cristaux en masses fibreuses, non déliquescents, très solubles dans l'eau.

Salicylate d'ésérine.

Prép. — On sature une solution d'ésérine dans l'alcool par une solution alcoolique d'acide salicylique, on évapore l'alcool et on fait cristalliser (E. Merck).

Descr. — Sel stable, bien défini, neutre, facile à peser et se conservant indéfiniment.

Doses. — A l'intérieur de 1 à 3 milligrammes.

Ésérine (Sulfate d').

Prép. — On l'obtient en saturant directement et rigoureusement une quantité déterminée d'ésérine par de l'acide sulfurique à 1/10 et en ne dépassant pas le point de saturation.

Desc. — Cristaux en aiguilles. Sel déliquescent se modifiant à la lumière.

Mode d'emploi.

Gélatine dosée à l'ésérine :

Sulfate d'ésérine...........	0gr,05
Gélatine...................	Q. S.

Faire dissoudre, incorporer et obtenir avec de la gélatine fondue des plaques très minces qu'on divisera, à l'emporte-pièce, en petits disques contenant 1/2 milligramme d'ésérine ou en coulant en petites lamelles. (Vée, Duquesnel.)

Collyre au sulfate d'ésérine (Galezowski) :

Sulfate d'ésérine..........	0gr,10
Eau distillée..............	20 grammes.

F. dissoudre.

Granules de sulfate d'ésérine :

Sulfate d'ésérine..........	0gr,10
Mucilage et sucre.........	Q. S.

100 granules de 1 milligramme.

Injections hypodermiques :

Sulfate d'ésérine..........	0gr,01
Eau distillée..............	10 grammes.

F. S. A. Dose de 3 à 6 gouttes.

Fumarine.

Prov.— Extrait du *Fumaria officinalis*, Fumariacées, par Pescher.

Descr. — Cristaux à 6 pans du système rhombique à saveur amère, réaction alcaline. Peu soluble dans l'eau, soluble dans l'alcool, le chloroforme, la benzine, l'alcool amylique et le sulfure de carbone. La fumarine est insoluble dans l'éther.

Réactions. — L'acide azotique donne à chaud une coloration jaune brun. L'acide sulfurique concentré la dissout en donnant une coloration violet foncé qui par l'action des oxydants devient brune.

Prop. thér. et phys. — Le fumeterre et son alcaloïde passent pour posséder des propriétés amères, stomachiques, antidartreuses et antiscrofuleuses.

Galipéine. — $C^{26}H^{21}AzO^{3}$.

Prov. — Alcaloïde extrait du *Galipea Cusparia*, Angusture vraie, Rutacées, par Korner.

DESCR. — Cristaux en longues aiguilles blanches fusibles à 115°,5; solubles dans l'alcool et l'éther. Les sels sont moins solubles que ceux de la cusparine et ont une fluorescence bleue.

PROP. PHYS. — Fébrifuge.

PROP. THÉR. — La galipéine possède des propriétés antipériodiques et toniques; mais les expériences physiologiques et thérapeutiques qu'on a entreprises avec ce produit ne sont pas suffisamment précises pour le faire admettre dans la thérapeutique courante.

Geissospermine. — $C^{19}H^{24}Az^2O^2$ At.

SYN. — Paréirine.

PROV. — Alcaloïde extrait du pao pereiro, *Geissospermum læve*, Apocynacées, par Goos.

DESCR. — Petits cristaux fusibles à 124°. Presque insoluble dans l'eau et l'éther, assez soluble dans l'alcool bouillant, soluble dans le chloroforme. La geissospermine polarise à gauche, pour une solution de 1,5 p. 100 dans l'alcool à 97° = — 93°,37.

RÉACTION. — L'acide sulfurique concentré additionné d'un peu d'oxyde de fer la colore en bleu foncé.

PROP. PHYS. — La geissospermine a été étudiée par Bochefontaine et Cypriano. Ils ont trouvé qu'elle était fébrifuge, tonique et qu'elle ralentit les battements du cœur et de la respiration.

PROP. THÉR. — Le chlorhydrate de péréinine employé à la dose de 2 grammes agirait très efficacement contre les fièvres rebelles au sulfate de quinine.

MODE D'EMPLOI. DOSES. — Pilules de 0gr,10 à la dose de 2 à 20 par 24 heures.

Gelsémine. — $C^{12}H^{14}AzO^2$. At.

PROV. — Alcaloïde extrait de la racine du *Gelsemium sempervirens*, Loganiacées, par Wormley.

Desc. — Poudre amorphe rosée transparente, amère, soluble dans l'eau bouillante et reprécipitant par refroidissement du liquide. Soluble dans l'éther et le chloroforme, légèrement soluble dans l'alcool. Fond à 45°.

Réactions. — Lorsque sur la gelsémine on fait agir l'acide sulfurique puis une parcelle de bioxyde de manganèse il se forme une coloration rouge carmin qui passe au vert. De même l'addition d'un cristal de bichromate de potasse donne une coloration rouge cerise qui passe au vert bleu.

Chauffée sur une lame de platine, elle brûle avec une flamme jaune orange.

Prop. phys. — La gelsémine est toxique. A la dose de 0gr,012, elle tue un pigeon avec des accidents spasmodiques. Elle donne les réactions physiologiques de la strychnine ; elle dilate la pupille.

Prop. thér. — La gelsémine est un sédatif nerveux et artériel employé dans les fièvres bilieuses et rémittentes, le délire, l'épilepsie, l'inflammation de la plèvre, les affections névralgiques du trijumeau et des nerfs dentaires.

Mode d'emploi. — Doses.

Granules de gelsémine :

Chlorhydrate de gelsémine..	0gr,10
Sucre en poudre...........	2 grammes

F. S. A. 100 granules à la dose de 1 à 3.

Injections sous-cutanées :

Chlorhydrate de gelsémine.	0gr,05
Eau distillée	30 grammes.

A la dose de 1 à 3 gouttes.

Gnoscopine. — $C^{34}H^{36}Az^{2}O^{11}$. At.

Prov. — Alcaloïde de l'opium découvert par M. Smith.

Descr. — La gnoscopine cristallise en longues aiguilles, fusibles à 233°. Soluble dans 1500 parties d'alcool froid et facilement soluble dans le chloroforme, le sulfure de carbone et la benzine, insoluble dans l'alcool amylique et les alcalis. Base faible.

Réactions. — La gnoscopine se dissout dans l'acide sulfurique en le colorant en jaune. L'addition d'une trace d'acide azotique donne une couleur rouge carmin.

Sels. — Les sels cristallisent bien. Ils ont une réaction acide.

Prop. phys. et thér. — La gnoscopine possède des propriétés calmantes et hypnotiques ; mais les expériences physiologiques et thérapeutiques qu'on a tentées avec cette substance ne sont pas assez concluantes pour la faire admettre dans la thérapeutique courante.

Guachamacine.

Syn. — Malouétine.

Prov. — Alcaloïde extrait de l'écorce de *Guajanaca toxifera*, Apocynacées, ou *Malouetia nitida*, par Scheffer.

Descr. — Corps cristallisé blanc soluble dans l'eau, peu soluble dans l'alcool absolu, insoluble dans l'éther et le chloroforme.

Prop. phys. — Très toxique, son effet physiologique ressemble à celui du curare par son action paralysante, mais elle en diffère en ce qu'elle n'affecte pas les organes respiratoires (Dr Sachs).

Prop. thér. — Le Dr Scheffer l'a employé contre le tétanos, la rage et les spasmes des affections du système nerveux. La guachamacine serait plus facile à manier par le médecin que le curare.

Dose de 1/2 à 1 milligramme.

Harmaline. — $C^{26}H^{14}Az^{2}O^{2}$.

Prov. — L'harmaline est un alcaloïde retiré des graines de *Peganum harmala*, Rutacées, et isolé par Goebel.

Descr. — Octaèdres à base rhombe. Peu soluble dans l'eau et dans l'éther, assez soluble dans l'alcool froid, très soluble dans l'alcool bouillant. Elle colore la salive en jaune. Elle se sublime facilement.

Réaction. — Les oxydants (acides azotique, chromique, permanganate de potasse) la convertissent en une matière colorante rouge insoluble dans l'eau et soluble dans l'alcool.

Prop. thér. — Sudorifique, anthelmintique, emménagogue. Usité contre l'aménorrhée.

Dose de 5 milligrammes à 1 centigramme.

Harmine. — $C^{26}H^{12}Az^{2}O^{2}$.

Prov. — Alcaloïde retiré des graines du *Peganum Harmala*, Rutacées, par Goebel.

Desc. — Cristaux en prismes monocliniques à quatre pans. Presque insoluble dans l'eau, très peu soluble à froid dans l'alcool, très peu soluble dans l'éther. Alcali faible.

Prop. thér. — Sudorifique, anthelmintique, emménagogue et usitée contre l'aménorrhée.

Dose. — De 5 milligrammes à 1 centigramme.

Hydrastine. — $C^{44}H^{23}AzO^{12}$.

Prov. — Alcaloïde extrait de l'*Hydrastis canadensis*, Renonculacées, par Durand.

Desc. — L'hydrastine cristallise en prismes à quatre pans, blancs, brillants, fusibles à 133° et émettant après fusion des vapeurs jaunes. Insoluble dans l'eau. Soluble dans l'alcool, l'éther, le chloroforme, la benzine. Saveur amère.

Réaction. — La solution de chlorhydrate d'hydrastine est fluorescente. Par oxydation l'hydrastine se transforme en acides opianique et hydrastinique en solution acide et en acides hémipianique et nicotinique en solution alcaline.

Sel. — Le bitartrate d'hydrastine est très soluble dans l'eau bouillante. C'est le sel le plus pur et qui cristallise très bien.

Prop. phys. — Par l'administration de l'hydrastine les battements du cœur sont ralentis, après de fortes doses survient parfois l'arythmie ; le ralentissement qui suit une dose moyenne cesse, si les nerfs vagues sont coupés ; il n'en est pas de même de l'arythmie et du ralentissement qui succèdent à des fortes doses. L'hydrastine est en outre toxique, antiseptique, antipériodique et altérante.

Prop. thér. — On emploie l'hydrastinine contre les troubles fonctionnels de l'appareil utéro-ovarien et sur les anomalies de la menstruation. On l'emploie comme un véritable succédané de la quinine dans les fièvres intermittentes. Elle est encore usitée contre les hémorrhoïdes et les affections chroniques des muqueuses.

Dose. — De 10 à 30 centigrammes par jour.

Hydrocotarnine. — $C^{24}H^{30}AzO^{6}+H^{2}O^{2}$. Eq.

Prov. — Alcaloïde retiré de l'opium par Hesse.

Descr. — Cristaux en prismes volumineux, incolores solubles dans l'alcool, l'acétine, le chloroforme et l'éther. Fond à 50° et se volatilise à 100°.

Réactions. — L'acide sulfurique la dissout avec coloration jaune à froid et rouge cramoisi à chaud. L'acide nitrique la colore en jaune. Le perchlorure de fer ne produit aucune réaction.

Sels. — L'hydrocotarnine forme avec les acides des sels cristallisables et solubles.

Prop. phys. et thér. — L'hydrocotarnine possède des propriétés calmantes et hypnotiques, mais les expériences physiologiques et thérapeutiques qu'on a tentées avec elle ne sont pas assez concluantes pour la faire admettre dans la thérapeutique courante.

Hygrine.

Prov. — Alcaloïde retiré des feuilles de coca par Wœhler dans les résidus de la préparation de la cocaïne.

Descr. — Base énergique, liquide, très alcaline, distillable avec la vapeur d'eau, douée d'odeur de triméthylamine, non vénéneuse.

Réaction. — L'hygrine donne avec le sublimé un précipité laiteux qui finit par se réunir en gouttes huileuses.

Prop. phys. — L'hygrine produit une dilatation de la pupille au moins égale à celle produite par l'atropine, mais beaucoup moins persistante et qui cède immédiatement devant l'action antagoniste de l'ésérine. Appliquée localement, elle n'a pas l'action anesthésique de la cocaïne.

Hyménodictyne. — $C^{23}H^{40}Az^{2}$.

Prov. — Alcaloïde extrait de l'*Hymenodictyon excelsum*, Rubiacées, par Nayler.

Descr. — Masse gélatineuse de couleur crème, très avide d'eau qu'elle retient avec ténacité. Fond à 66°, base énergique, ses solutions ne sont pas fluorescentes, ses combinaisons salines ne cristallisent pas. Pouvoir rotatoire nul.

La solution éthérée évaporée avec précaution l'abandonne sous forme cristalline aciculaire.

Réactions. — En présence de l'acide sulfurique sa solution prend une couleur jaune à la lumière transmise, passant au rouge vineux puis au rouge foncé.

A la lumière réfléchie elle prend une couleur bronzée.

PROP. PHYS. — Fébrifuge.

PROP. THÉR.— L'hyménodictyonine possède des propriétés antipériodiques et toniques; mais les expériences physiologiques et thérapeutiques qu'on a tentées avec elle ne sont pas assez concluantes pour la faire admettre dans la thérapeutique courante.

Hyoscyamine. — $C^{34}H^{23}AzO^{6}$.

SYN. — Duboisine. Daturine.

PROV. — Alcaloïde provenant des semences d'*Hyosciamus niger*, ou de l'*Hyoscyamus albus*. On le trouve dans l'*Atropa Belladonna* et le *Datura Stramonium* et les *Scopolia*. Le *Duboisia myoporoides* contient uniquement l'hyosciamine connue sous le nom de *Duboisine*.

DESCR. — Alcaloïde cristallisable, déliquescent, à odeur vireuse, à réaction très alcaline. Soluble dans 120 fois son poids d'eau, très soluble dans l'alcool et l'éther. Fusible à 108°,5. Pouvoir rotatoire lévogyre. Ladenburg a trouvé que cet alcaloïde était identique à la duboisine et à la daturine et isométrique de l'atropine. Elle ne préexiste que dans la jusquiame. Les autres plantes en donnent par dédoublement de leurs alcaloïdes.

RÉACTIONS. — Se dédouble par les alcalis en hyoscine et acide tropique, et si on chauffe l'hyoscine et l'acide tropique en présence de l'acide chlorhydrique, on régénère non pas l'hyoscyamine, mais l'atropine.

L'acide picrique en solution aqueuse donne une huile se solidifiant presque immédiatement en jolies tables, il en est de même du sublimé corrosif comme réactif.

L'iodure de potassium isolé donne formation immédiate de periodure.

Prop. phys. — Expérimentée sur les animaux, elle détermine des pneumonies par suite d'une action élective sur le pneumogastrique dont ils produisent la paralysie. L'hyoscyamine dilate la pupille d'une façon plus rapide, plus intense et plus persistante que l'atropine. Elle provoque la sécheresse de la bouche et de l'arrière-gorge, du larynx, des bronches et de la peau et produit la difficulté de déglutition et l'enrouement. A forte dose, elle produit du vertige, des hallucinations et du délire, mais à dose modérée le délire est de courte durée et fait place à un sommeil profond et au repos. Elle ne produit pas la paralysie des sphincters. L'hyoscyamine est franchement hypnotique et sédative.

Prop. thér. — On l'emploie à l'intérieur contre la paralysie agitante, le tremblement mercuriel ou sénile, les névralgies, la manie aiguë, le delirium tremens, la folie, l'épilepsie. A très faible dose, on l'emploie comme narcotique et calmant. On l'emploie aussi contre les sueurs nocturnes de la phtisie sans produire de mauvais effets sur l'appétit. Elle procure un soulagement complet dans les cas graves de ténesme vésical, provenant de l'inflammation de la vessie. M. Ostermayer l'emploie comme calmant et sédatif chez des malades atteints d'affections cardiaques ou vasculaires chez lesquels l'atropine et l'hyoscine ne sont pas exemptes de danger.

Employée en injections hypodermiques, l'hyoscyamine est un sédatif puissant dans les affections mentales accompagnées d'excitation et d'insomnie; son effet se produit 10 ou 15 minutes après l'injection.

En oculistique, le sulfate de duboisine est très usité comme mydriatique puissant et durable et ne présentant pas les inconvénients de l'atropine.

Injection hypodermique :

Hyoscyamine....................	$0^{gr},05$
Eau distillée....................	48 grammes.

F. dissoudre. Dose de l'injection : de 1 à 4 gouttes.

Granules d'hyoscyamine :

Hyoscyamine....................	$0^{gr},10$
Poudre de guimauve............	1 gramme.
Excipient........................	25 grammes.

F. S. A. 100 granules.
1 à 4 par jour.

Sirop d'hyoscyamine :

Hyoscyamine...............	$0^{gr},05$.
Eau distillée..............	10 grammes.

F. dissoudre. Ajoutez :

Sirop de sucre...........	1000 grammes.

Dose de 10 à 30 grammes.

Hyoscyamine (**Sulfate d'**), mieux connu sous le nom de **Sulfate de duboisine.**

Descr. — Sel incolore très bien cristallisé en tables rhomboïdales, très soluble dans l'eau, l'alcool et l'éther.

Prop. thér. — C'est sous cette forme que la duboisine est employée en collyre ou en injection en oculistique.

Mode d'emploi.

Collyre à l'hyoscyamine (Galezowski) :

Sulfate neutre de duboisine........	$0^{gr},05$
Eau distillée bouillie..............	10 grammes,

Granules d'hyoscyamine :

Sulfate de duboisine........ 0gr,005

F. S. A. 10 granules contenant 1/2 milligramme de sel.

Injection hypodermique (Dujardin-Beaumetz) :

Sulfate de duboisine............. 0gr,01
Eau distillée bouillie........... 20 grammes.

Chaque centimètre cube renferme 1/2 milligramme de sulfate de duboisine.

Doses. — L'hyoscyamine s'emploie à l'intérieur à la dose de 1/2 milligramme que l'on peut porter graduellement jusqu'à 12 milligrammes en 24 heures, avec précaution et en observant le sujet.

Hyoscine. — $C^{34}H^{25}AzO^{6}$.

Prov. — Alcaloïde retiré de la jusquiame.

Prép. — Ladenburg a retiré cet alcaloïde des eaux mères qui ont laissé déposer l'hyoscyamine. C'est la partie active de l'hyoscyamine du commerce.

Descr. — Liquide huileux, isomère de l'atropine et de l'hyoscyamine.

Réactions. — Chauffée à 60° en présence de 1 partie de baryte et 6 parties d'eau pendant plusieurs heures, l'hyoscine est dissoute; en éliminant le baryte par l'acide carbonique, filtrant et acidulant avec de l'acide chlorhydrique et agitant avec l'éther, celui-ci dissout de l'acide hyoscique. La solution chlorhydrique saturée par un alcali et agitée avec de l'éther abandonne une base supérieure la pseudotropine $C^{16}H^{15}AzO^{6}$ cristallisant en rhomboïdes, soluble dans l'eau et le chloroforme, fondant à 106° et bouillant à 241°.

Prop. phys. — L'action physiologique de l'hyoscine, considérée comme calmant, est cinq fois celle de l'atropine et de l'hyoscyamine, il est probable qu'il en est de même de ses propriétés toxiques. Sans action sur la respiration, cet alcaloïde augmente le nombre de battements du cœur, et active la circulation ; il agit sur la pupille en la dilatant.

Prop. thér. — Antispasmodique, narcotique, sédatif cérébral employé contre l'insomnie, le délire, la manie aiguë et le delirium tremens.

Usité en oculistique comme mydriatique. Il a pour antagonistes la caféine et la pilocarpine.

Mode d'emploi.

Granules d'hyoscine à 1/2 milligramme.

De 1 à 6 par jour.

Injection hypodermique d'hyoscine .

Hyoscine........................	0gr,05
Eau acidulée....................	10 grammes.

A la dose de 1/5 de seringue.

Solution d'hyoscine :

Bromhydrate d'hyoscine..........	1 gramme.
Eau distillée......................	200 grammes.

Doses de V à X gouttes.

Doses. — L'hyoscine se prescrit à la dose de 1 à 3 milligrammes par jour. La dose de 5 milligrammes est très dangereuse et peut intoxiquer.

Impérialine. — $C^{35}H^{60}AzO^{3}$.At

Prov. — Alcaloïde extrait des bulbes du *Fritillaria imperialis* par M. Fragner.

Descr. — Aiguilles courtes, fusibles à 248°. Très peu soluble dans l'eau, très soluble dans le chloroforme. Forme des sels qui cristallisent et sont solubles dans l'eau et l'alcool.

Réactions. — L'impérialine donne avec l'acide sulfurique une coloration jaune serin ; en y ajoutant un peu de sucre on a une série de colorations, vert, brun, rouge, violet. Acide nitrique, coloration jaune. Acide chlorhydrique à froid, fluorescence, à chaud, coloration brun verdâtre, passant au brun rouge.

Prop. phys. — Alcaloïde cardiaque.

Prop. thér. — L'impérialine est usitée dans les maladies du cœur comme la digitale. On l'emploie pour combattre les rhumatismes et calmer les douleurs des articulations.

Isatropylcocaïne. — $C^{19}H^{22}AzO^{4}$.

Prov. — Alcaloïde de la coca, qui serait cause des symptômes toxiques qui suivent parfois l'administration de la cocaïne. Isolé par Liebermann.

Descr. — Corps amorphe, constituant la plus grande partie des produits alcaloïdiques qui forment le résidu de la préparation de la cocaïne. Soluble dans l'alcool, l'éther, la benzine, le chloroforme, faiblement soluble dans l'éther de pétrole.

Réaction. — Hesse a constaté que dans cet alcaloïde le radical de l'acide benzoïque, qui existe dans la cocaïne, était remplacé par un isomère de l'acide isatropique.

Prop. phys. — D'après Liebreich, c'est un poison cardiaque qui donne lieu aux accidents qu'on a observés avec la cocaïne impure. Il ne possède aucune action sur la sensibilité et n'a aucune propriété anesthésiante.

Japaconitine. — $C^{132}H^{88}Az^{2}O^{42}$.

Prov. — Alcaloïde extrait de l'*Aconitum japonicum* par Wright et Luff.

Descr. — Cristaux solubles dans l'éther. Fond à 184°.

Réactions. — Elle est décomposée par la potasse

alcoolique en acide benzoïque et en japaconine $C^{52}H^{41}AzO^{20}$.

Prop. phys. et thér. — La japaconitine possède les propriétés thérapeutiques et physiologiques et s'emploie aux mêmes doses que l'aconitine de l'aconit napel. (Voy. *Aconitine*, p. 32.)

Javanine.

Prov. — Alcaloïde retiré du *Cinchona Calisaya* variété *Javanica*, Rubiacées, par Hesse.

Descr. — Cristaux en lamelles rhombiques. Soluble dans l'éther et l'eau.

Réaction. — L'acide sulfurique le dissout avec une coloration jaune vif, foncé.

Sel. — L'oxalate neutre de javanine cristallise en lamelles et est soluble dans l'eau.

Prop. phys. et thér. — La javanine possède des propriétés fébrifuges et toniques, mais les expériences physiologiques et thérapeutiques qu'on a tentées avec ce produit ne sont pas encore assez concluantes pour le faire admettre dans la thérapeutique courante.

Jervine. — $C^{52}H^{37}AzO^{4}$.

Prov. — Alcaloïde extrait du *Veratrum album*, Liliacées, par Simon.

Descr. — Cristaux blanc, fusible à 231°. Presque insoluble dans l'eau, très peu soluble dans l'éther, soluble dans l'alcool.

Réaction. — L'acide sulfurique concentré la dissout en donnant une coloration jaune, puis vert; la coloration vert émeraude se produit instantanément quand on ajoute de l'eau.

Prop. phys. et thér. — La jervine possède toutes les propriétés physiologiques et thérapeutiques de la vératrine ou cévadine et s'emploie aux mêmes doses qu'elle. (Voy. *Vératrine*, p. 188.)

Katine.

PROV. — Alcaloïde retiré des feuilles de *Catha edulis*, Œlastrinées, par Flückiger.

DESCR. — Alcaloïde liquide, soluble facilement dans l'eau et dont la solution rougit un papier imprégné de phénol-phtaléine. La katine forme des sels définis; l'acétate de katine peut être obtenu cristallisé.

RÉACTIONS. — La solution de sels de katine n'est précipitée ni par le tannin ni par le chlorure de platine.

PROP. THÉR. — Excitant et anesthésique à la façon de la cocaïne. Peut rendre à la thérapeutique les mêmes services que la matéine, la caféine et la cocaïne, avec cet avantage que la katine posséderait à elle seule les propriétés réunies de la caféine et de la cocaïne.

Lantanine.

PROV. — Alcaloïde extrait du *Lantana brasiliensis*, Verbénacées, par Buizo et Negreta (de Lima).

DESCR. — Cristaux blancs, solubles dans l'alcool et d'une grande amertume.

PROP. PHYS. — L'alcaloïde agit sur la circulation, ralentit la nutrition, abaisse la température et est un excellent fébrifuge.

PROP. THÉR. — La lantanine est bien supportée même par les estomacs faibles. Administrée à la dose de 2 grammes après l'accès, elle guérit les fièvres intermittentes quand la quinine restait sans effet.

MODE D'EMPLOI. — DOSES. — Pilules de 10 centigrammes à la dose de 10 à 20 pilules toutes les vingt-quatre heures.

Lanthopine. — $C^{23}H^{23}AzO^{4}$.

PROV. — Alcaloïde de l'opium, découvert par Hesse.

Descr. — Poudre blanche formée de prismes microscopiques, insipides, incolores, à réaction alcaline, solubles dans le chloroforme.

Très peu soluble dans l'alcool, la benzine et l'éther, soluble dans la potasse et l'acide acétique. Fond à 200°.

Réaction. — L'acide nitrique la colore en rouge et forme un précipité résineux.

Sels. — La lanthopine forme avec les acides des sels cristallisables et très solubles dans l'eau.

Prop. phys. et thér. — La lanthopine possède sans conteste des propriétés narcotiques et calmantes; mais les expériences physiologiques et thérapeutiques qu'on a entreprises avec cet alcaloïde ne sont pas assez précises pour le faire admettre dans la thérapeutique courante.

Laudanine. — $C^{40}H^{25}AzO^{8}$Eq.

Prov. — Alcaloïde extrait de l'opium par Hesse.

Descr. — La laudanine cristallise en prismes incolores, hexagonaux, groupés en étoiles. Saveur amère. Réaction alcaline. Soluble dans la benzine, le chloroforme, l'alcool bouillant. Très peu soluble dans l'éther.

Réactions. — L'acide sulfurique concentré dissout la laudanine en donnant une coloration rose pâle qui, à 150°, devient violet rouge. Le perchlorure fer dissout la laudanine et donne une coloration verte. La potasse la précipite de ses solutions et un excès la dissout.

Sels. — La laudanine forme avec les acides des sels qui cristallisent et sont solubles dans l'eau.

Prop. phys. et thér. — La laudanine possède des propriétés calmantes et hypnotiques quoique convulsivantes.

Les expériences physiologiques et thérapeutiques

entreprises avec cet alcaloïde ne sont pas suffisamment concordantes pour le faire admettre dans la thérapeutique courante.

Laudanosine. — $C^{31}H^{27}AzO^{4}$.At.

Prov. — Alcaloïde retiré de l'opium par Hesse.

Descr. — La laudanosine cristallise en prismes insolubles dans l'eau et les alcalis, solubles dans l'alcool, l'éther et le chloroforme. Fond à 90°.

Réactions. — L'acide sulfurique dissout à froid la laudanosine avec une coloration rose passant au violet par la chaleur. Le perchlorure de fer ne la colore pas.

Sels. — La laudanosine forme des sels difficilement cristallisables, très amers, très solubles.

Prop. phys. et thér. — La laudanosine possède des propriétés calmantes et hypnotiques, mais les expériences physiologiques faites avec ce produit ne sont pas assez précises pour le faire admettre dans la thérapeutique usuelle.

Lobéline. — $C^{18}H^{23}AzO^{2}$.At.

Prov. — Alcaloïde extrait de la *Lobelia inflata*, Lobéliacées, et découvert par Paschis et Smitz.

Descr. — Alcaloïde huileux, très épais, de consistance de miel, de couleur jaunâtre, non volatile sans décomposition, d'une saveur de tabac. Soluble dans l'eau, l'alcool, l'éther, le chloroforme, le sulfure de carbone, la benzine, l'éther de pétrole. L'éther est son meilleur dissolvant.

Réactions. — Les alcalis la décomposent facilement. Par ébullition avec les acides et les alcalis, elle donne du sucre. Elle se résinifie à l'air. Chauffée au bain-marie avec du permanganate de potasse, la lobéline se transforme en acide benzoïque.

Sel employé. — Le chlorhydrate de lobéline cristallise très bien et est soluble dans l'eau.

Prop. phys. — La lobéline tue les animaux à sang chaud en paralysant les organes de la respiration : c'est un poison respiratoire.

Prop. thér. — M. Silva Nuñez a recommandé la lobéline pour le traitement de la dyspnée bronchitique et dans la forme spasmodique de l'asthme. Elle est préférable aux préparations de lobélie qui donnent de la diarrhée et des nausées.

Mode d'emploi. — Doses. — On administre la lobéline en pilules à la dose de 5 milligrammes pour les adultes et 1 milligramme pour les enfants de une à 5 fois par jour.

Injection sous-cutanée de lobéline :

Chlorhydrate de lobéline.........	0gr,05
Eau distillée.....................	10 grammes.

Faire dissoudre ; dose d'une seringue Pravaz.

Loturine.

Prov. — Alcaloïde extrait par Hesse du *Symplocos racemosa*, vulgo *lotur*, Styracées.

Descr. — Prismes brillants quand on la fait cristalliser au moyen de l'alcool et de l'éther. A l'air ils deviennent blancs et opaques. Ils fondent à 234°. La loturine sublime en prismes. Presque insoluble dans l'eau. Soluble dans l'éther, le chloroforme, l'alcool et l'acétone.

Réactions. — Les solutions de loturine dans les acides minéraux ont une belle fluorescence bleu violet, plus marquée que celle de la quinine.

Prop. phys. — Astringent fébrifuge.

Prop. thér. — On l'emploie dans les douleurs abdominales et contre les ulcères. On l'a préconisé dans la ménorrhagie due au relâchement des tissus utérins et contre la chylurie.

Mode d'emploi. — Doses. — Pilules de 0gr,10 à la dose de 1 à 3 par jour.

Lupinine. — $C^{42}H^{40}Az^2O^4$.

Syn. — Lupinitoxine.

Prov. — Alcaloïde extrait des semences de *Lupinus luteus* par G. Baumet.

Descr. — Cristaux rhombiques blancs, fusibles à 68° ; bouillant à 255°, à saveur amère, à odeur de fruit.

Prop. phys. — La lupinine est la matière toxique des lupins et détermine des accidents qui ressemblent de l'empoisonnement par le phosphore ou des phénomènes de l'ictère aigu ; elle attaque surtout le foie, le rein, le cœur et les muscles.

Prop. thér. — On a essayé l'usage de la lupinine comme anthelmintique et vermifuge, diurétique et emménagogue. Les Drs Chevalley et Delestre ont employé la lupinine contre les fièvres intermittentes et ont constaté son action la plus favorable contre l'impaludisme sans avoir les inconvénients de la quinine. Les Drs Gemma et Rienzi confirment ces expériences et le déclarent un fébrifuge infaillible.

Lycopodine. — $C^{32}H^{52}Az^2O^3$.

Prov. — Alcaloïde retiré de la plante *Lycopodium complanatum*, Lycopodiacées, par Bodeker.

Descr. — Cristallise en prismes monoclines. Fond à 114°.

Soluble dans l'eau, l'éther, moins soluble dans l'alcool, le chloroforme et la benzine. Le chlorhydrate de lycopodine cristallise en rhomboèdres.

Sels. — Le chlorhydrate de lycopodine est en cristaux monoclines.

Prop. phys. — Diurétique, antispasmodique.

Prop. thér. — Employé dans les cas d'irritation

de la vessie et dans les spasmes de la vessie qui ne dépendent pas de la présence de corps étrangers.

Macleyine. — $C^{20}H^{19}AzO^{5}$.

Prov. — Alcaloïde extrait du *Bocconia cordata*, ou *Macleania cordata*, Papavéracées, par Eykman.

Descr. — La macleyine cristallise en lames incolores, inodores, insipides, mais ses sels sont piquants, amers, insolubles dans l'eau et les alcalis, solubles dans l'alcool bouillant, peu solubles dans l'éther et la benzine, solubles dans le chloroforme.

Prop. phys. et thér. — La macleyine possède des propriétés calmantes et hypnotiques, mais les expériences physiologiques et thérapeutiques qu'on a tentées avec elle ne sont pas assez concluantes pour la faire admettre dans la thérapeutique courante.

Manacine. — $C^{15}H^{23}Az^{4}O^{5}$.

Prov. — Alcaloïde retiré du *Manaca*, non vulgaire du *Franciscea uniflora*, Scrofulariacées, par Lenardson.

Descr. — Poudre jaune, de saveur amère, soluble dans l'eau, les alcools éthylique et méthylique, insoluble dans l'éther, la benzine, le chloroforme, l'alcool amylique.

Réactions. — Les solutions sont instables et fluorescentes et donnent sous l'influence un acide, l'acide manacique, analogue à l'acide gelsémique.

Prop. phys. — Antiseptique, antisyphilitique, altérant. Excitant énergique du système lympathique, purgatif emménagogue et diurétique. Tonique à doses élevées.

Prop. thér. — Employé dans le rhumatisme aiguë et surtout chronique, et dans la syphilis.

Dose. — De 1 centigramme à 5 centigrammes par jour.

Méconidine. — $C^{21}H^{23}AzO^{4}$. At.

Prov. — Alcaloïde de l'opium, découvert par Hesse.

Descr. — Masse amorphe, jaunâtre, transparente, insipide, insoluble dans l'eau, soluble dans l'alcool, l'éther, la benzine, le chloroforme et l'acétone. Base énergique. Fond à 58°.

Réactions. — La méconidine se dissout dans l'acide sulfurique avec une couleur olive et dans l'acide nitrique avec une coloration rouge orangé.

Sels. — La méconidine forme des sels cristallisables, amers et très solubles.

Prop. phys. et thér. — La méconidine possède des propriétés calmantes et hypnotiques ; mais les expériences physiologiques et thérapeutiques qu'on a tentées avec ce produit ne sont pas assez concluantes pour le faire admettre dans la thérapeutique usuelle.

Morphine. — $C^{34}H^{19}AzO^{6}$.

Prov. — Retiré de l'opium, de l'*Argemone mexicana* (Charbonnier), de l'*Escheholtzia californica* (Bardet).

Prép. — Procédé de Robiquet et Gregory. A une solution d'extrait d'opium de densité 1,075 on ajoute du chlorure de calcium (120 grammes par kilo d'opium) puis son volume d'eau froide. Il se sépare du sulfate et du méconate de chaux. Le liquide décanté et filtré est concentré et au bout de quelques jours se déposent des cristaux de chlorhydrate de morphine et de codéine. Les cristaux sont essorés, puis mis en solution dans l'eau, on ajoute de l'ammoniaque et la morphine se précipite tandis que la codéine reste en solution.

Descr. — La morphine est en cristaux incolores, en prismes rhomboïdaux droits, hexaèdres. Elle est lévogyre $\alpha = -67°,5$.

Une partie de morphine se dissout dans 500 parties d'eau bouillante et 1000 parties d'eau froide, dans

24 parties d'alcool absolu bouillant et 40 parties d'alcool froid. Soluble dans les solutions alcalines, l'éther, le chloroforme et les huiles essentielles.

Réactions. — L'acide nitrique concentré colore la morphine en rouge. Le chlore donne une coloration orangée. Une solution de perchorure de fer donne avec une solution de morphine une coloration bleue caractéristique passant au vert par excès de sel de fer.

Chauffée à 200° avec la potasse, la morphine dégage de la méthylamine.

Prop. phys. — Localement la morphine appliquée sur une muqueuse ou une surface dénudée produit d'abord de l'irritation puis du calme, et enfin de l'engourdissement. Introduite dans l'estomac elle n'y procure aucune sensation; parvenue dans la circulation, elle ralentit et rapetisse le pouls, cause une sensation de plénitude et de distension dans la tête, de la somnolence ou du sommeil et quelquefois de la céphalalgie et troubles de la vision. En même temps les urines se raréfient et la sudation est exagérée. Quelquefois il existe des vomissements et du malaise gastrique.

Les doses élevées donnent des bourdonnements d'oreilles, de l'obscurcissement de la vue, rétrécissement des pupilles, mouvements convulsifs des membres qui augmentent par le décubitus horizontal. Quand la dose est toxique, les désordres du système nerveux prennent la forme apoplectique, avec faiblesse extrême, résolution des membres, refroidissement périphérique, pupilles punctiformes, perte de sentiment, coma, respiration stertoreuse, convulsions, puis la mort.

Sur le système nerveux la morphine a des symptômes primordiaux; d'abord hyperhémie des capillaires encéphaliques, puis stupéfaction des nerfs sensibles, enfin une paralysie légère des fibres musculaires de la vie organique. La morphine produit des effets congestifs, mais rarement; mais elle détermine souvent des effets paralysants du côté de la vessie. Aussi s'élimine-t-elle plus convenablement par la sueur et il vaut mieux, comme contrepoison physiologique, donner un sudorifique qu'un diurétique.

Prop. thér. — La morphine calme la douleur, les spasmes, les convulsions, et procure le sommeil. On l'emploie contre les névralgies externes ou viscérales, les contractures, le tremblement alcoolique, le tétanos et l'insomnie. Elle est fort usitée contre les douleurs dans le cancer et le tabes dorsalis. Elle échoue dans la céphalalgie congestive, les névralgies symptomatiques de névrites, tandis qu'elle réussit très bien dans la céphalée des sujets épuisés par des pertes sanguines ou les névralgies des anémiques. Ses antagonistes sont : l'atropine, la quinine et le bromure de potassium.

Modes d'emploi.

Pilules de morphine :

Morphine	0gr,10
Poudre de guimauve	1 gramme.
Extrait de réglisse	Q. S.

F. S. A. 10 pilules de 1 à 2 chaque soir.

Huile morphinée :

Morphine	0gr,10
Huile d'olive	100 grammes.

Oléate de morphine :

Morphine pure	5 grammes
Huile d'olives	95 —

Triturez avec soin.

S'emploie en frictions.

DOSES. — La morphine s'administre à des doses qui varient de 5 milligrammes à 1 ou 2 centigrammes et au maximum 5 centigrammes dans les 24 heures.

DOSAGE DE LA MORPHINE. — Le procédé consiste à traiter 10 grammes d'opium divisé par 100 grammes d'alcool à 75° et employé en plusieurs fois de façon à épuiser l'opium, on passe sur un linge fin, on lave le linge avec les dernières parties de l'alcool et on ajoute à la liqueur alcoolique 3 centimètres cubes d'ammoniaque. La morphine se précipite peu à peu sous forme cristalline et au bout de deux jours on recueille les cristaux sur un petit filtre sans plis préalablement taré, on le lave à l'eau puis avec de l'éther. La morphine reste pure; on la sèche, on la pèse. L'opium doit contenir au moins 10 p. 100 de morphine.

Morphine (Acétate de). — $C^{34}H^{9}AzO^{6}C^{4}H^{4}O^{4} + 2H^{2}O^{2}$

DESCR. — Sel cristallisé en aiguilles, soluble dans 17 parties d'eau froide et 1 partie d'eau bouillante, obtenu en triturant la morphine avec la moitié de son poids d'acide acétique.

MODE D'EMPLOI.

Gouttes contre la toux (Grindle) :

Acétate de morphine........	1 gramme.
Acide acétique..............	III gouttes.
Alcool......................	5 grammes.
Eau........................	50 —

Dose de X à XX gouttes.

Lavement morphiné (Bailly) :

Acétate de morphine................	0gr,20

D'autre part :

Amidon....................	10 grammes.
Délayez dans eau...........	500 —

Mêlez.

Mixture antiodontalgique :

Acétate de morphine........	0gr,10
Acide acétique.............	II gouttes.
Teinture de benjoin........	5 grammes.

Sirop d'acétate de morphine :

Acétate de morphine........	0gr,05.
Sirop simple...............	100 grammes.

Chaque cuillerée à bouche contient 1 centigramme de sel de morphine.

Morphine (Chlorhydrate de).
$C^{34}H^{19}AzO^{6}HCl + 3H^{2}O^{2}$.

Prép. — On l'obtient en dissolvant la morphine dans l'acide chlorhydrique pur, la solution aqueuse chaude et concentrée se prend par refroidissement en une masse cristalline feutrée et solide, qui est égouttée et découpée en pains cubiques.

Descr. — Cristaux en aiguilles soyeuses; soluble dans 20 parties d'eau froide, 1 partie d'eau bouillante, 6 parties d'alcool à 80° bouillant et 10 parties d'alcool froid.

Prop. thér. — Ce sel est le plus usité et présente tous les emplois thérapeutiques de la morphine décrits plus haut.

Mode d'emploi. — Doses.

Granules de chlorhydrate de morphine (Codex) :

Chlorhydrate de morphine.......	0gr,10
Sucre de lait..................	4 grammes.
Gomme arabique.................	1 gramme.
Mellite simple.................	Q. S.

F. S. A. 100 granules.

Chaque granule contient 1 milligramme de sel de morphine.

Dose de 5 à 30.

Pastilles morphinées :

Chlorhydrate de morphine......	0gr,50
Sucre vanillé..................	490 grammes.
Mucilage	10 —

F. S. A. 500 pastilles contenant chacune 1 milligramme de morphine.

Pilules de chlorhydrate de morphine :

Chlorhydrate de morphine......	0gr,20
Poudre de guimauve...........	1 gramme.
Miel blanc......................	Q. S.

F. S. A. 20 pilules contenant 1 centigramme de chlorhydrate de morphine.

Solution pour injection hypodermique :

Chlorhydrate de morphine..	1 gramme.
Eau de laurier-cerise.......	4 grammes.
Eau distillée..............	45 —

1 centimètre cube contient 2 centigrammes de chlorhydrate de morphine.

Sirop de chlorhydrate de morphine (Codex) :

Chlorhydrate de morphine..	0gr,50.
Eau distillée...............	10 grammes.
Sirop de sucre préparé à froid.	900 —

Une cuillerée de ce sirop contient 1 centigramme de sel de morphine.

Morphine (Méconate de).

PRÉP. — Combinaison rationnelle de l'acide méconique, acide de l'opium avec la morphine alcali de l'opium.

DESCR. — Poudre blanche soluble dans l'eau bouillante et l'alcool faible.

MODE D'EMPLOI. — En Angleterre le méconate de morphine est très usité pour les injections hypodermiques à la dose de 1 à 2 centigrammes par centimètre cube d'eau.

Morphine (Phtalate de).

PRÉP. — M. Bombelon a obtenu ce corps en combinant l'acide phtalique pur à la morphine pure.

DESCR. — Corps amorphe, blanc, incristallisable.

PROP. THÉR. — Convient pour les injections sous-cutanées de morphine, il se conserve bien et n'offre aucun inconvénient thérapeutique.

MODE D'EMPLOI. — DOSES. — Solution aqueuse à 2 grammes pour 100 grammes dont on injecte une seringue Pravaz soit 2 centigrammes.

Morphine (Sulfate de).

$(C^{34}H^{19}AzO^{8})^{2}S^{2}H^{2}O^{8} + 5H^{2}O^{2}$.

DESCR. — Cristaux incolores en aiguilles. Soluble dans deux fois son poids d'eau.

MODE D'EMPLOI.

Potion calmante :

Sulfate de morphine........	0gr,03	
Eau de fleur d'oranger......	20	grammes.
Eau de laitue.............	100	—
Sirop de laurier-cerise......	30	—

Par cuillerées toutes les heures.

Pilules de sulfate de morphine :

Sulfate de morphine........	0gr,50
Extrait de laitue...........	2 grammes.
Poudre de guimauve.......	Q. S.

F. S. A. 50 pilules ; une le soir.

Narcéine. — $C^{46}H^{29}AzO^{18} + 2H^2O^2$. Eq.

Prov. — Alcaloïde retiré de l'opium.

Prép. — On la retire des eaux mères de la préparation de la morphine par le chlorure de calcium. Les eaux mères additionnées d'ammoniaque laissent déposer la narcotine, la thébaïne, des résines. La liqueur qui renferme la narcéine est précipitée par l'acétate de plomb ; on filtre, on ajoute de l'acide sulfurique pour enlever l'excès de plomb, on filtre, on concentre à pellicule. Par le refroidissement, la narcéine impure se dépose. Pour la purifier, on met ces cristaux dans de l'eau distillée avec du noir animal ; on porte à ébullition, on filtre, et par refroidissement la narcéine pure se dépose.

Descr. — Longues aiguilles prismatiques soyeuses, incolores, inodores, amères. Insoluble dans l'eau froide, soluble dans l'eau bouillante, l'éther, les solutions alcalines, les solutions de benzoate ou de salicylate de soude. Fond à 92°. Pouvoir rotatoire — 6°,67.

Réactions. — La narcéine traitée par l'eau chlorée et un alcali prend une couleur rouge sang qui disparaît par la chaleur. L'acide sulfurique donne avec la narcéine, au bout de 24 heures, une couleur rouge intense que la chaleur fait passer au vert.

L'iode donne avec la narcéine une coloration bleue qui n'est pas constante, qui devient brune dans une solution acide et disparaît dans une solution alcaline.

Prop. phys. — Les expériences de Claude Bernard montrent que la narcéine serait de tous les alcaloïdes de l'opium le plus somnifère et le moins dangereux.

Les expériences faites sur l'homme ont démontré qu'il fallait une dose relativement assez élevée de 10 centigrammes pour obtenir le sommeil.

M. Laborde, qui l'a expérimentée, dit que la narcéine jouit d'un pouvoir soporifique supérieur à celui de la morphine et le sommeil qu'elle procure est léger, laissant le réveil facile, exempt de malaise et de tendance à la syncope. Elle produit la soif et des troubles digestifs; elle est diaphorétique et diminue l'excrétion urinaire.

PROP. THÉR. — Hypnotique et somnifère; employé dans les cas où la médication opiacée est utile ou nécessaire.

MODE D'EMPLOI.

Sirop de narcéine (Ch. Patrouillard) :

Narcéine	0gr,25
Benzoate de soude	0gr,40
Sirop simple	500 grammes.

On triture avec soin la narcéine et le benzoate de soude, on dissout dans un peu d'eau et on ajoute cette solution au sirop que l'on ramène à 500 grammes.

Pilules de narcéine :

Narcéine	0gr,50
Acide tartrique	0gr,20
Poudre de guimauve	1 gramme.
Extrait de chiendent	Q. S.

Pour 25 pilules, contenant chacune 2 centigrammes de narcéine.

DOSE. — De deux à quatre.

Solution de narcéine (H. Bocquillon) :

Narcéine	0gr,20
Salicylate de soude	2 grammes.
Eau distillée	10 —

F. S. A. Faire bouillir.

Narcéine (**Chlorhydrate de**). — $C^{46}H^{29}AzO^{18}HCl$.

DESCR. — Sel en aiguilles groupées concentriquement, facilement soluble dans l'eau et l'alcool. Réaction acide.

MODE D'EMPLOI.

Injection hypodermique (Dr C. Paul) :

Chlorhydrate de narcéine...	0gr,50
Alcool.....................	2 grammes.
Eau distillée..............	20 —

DOSE. — Une seringue Pravaz.

Narcéine (**Méconate de**).

SYN. — Méconarcéine.

PRÉP. — M. Duquesnel, présageant qu'il serait normal de choisir une combinaison d'un sel acide de l'opium avec une base de l'opium, a fait la combinaison de l'acide méconique avec la narcéine. Il a obtenu le méconate de narcéine en mélangeant par trituration à équivalents égaux l'acide méconique et de narcéine.

DESCR. — Poudre blanche, fusible à 110°, soluble dans l'eau bouillante et l'alcool faible.

L'acide méconique étant un acide bibasique, il se forme en réalité deux sels, l'un, le monoméconate de narcéine cristallisé en aiguilles jaunes, et le biméconate de narcéine en aiguilles jaunes.

PROP. THÉR. — Le Dr Laborde, qui a étudié ce corps, le considère comme un bon sédatif, calmant et hypnotique dans les névralgies et les rhumes.

Ce qui importe surtout dans le traitement du morphinisme, c'est de relever l'état psychique des malades et de soulager les souffrances qu'ils endurent pendant la période de l'abstinence. La méconarcéine, proposée par H. Duquesnel et Millot, remplit tous ces desiderata et ne le cède en rien au phosphate de codéine. A. Fromme s'est servi avec succès des injections sous-cutanées de la solution à 5 p. 100. Il faut prendre garde de tenir la solution (on la vend dans des tubes de verre stérilisés contenant 10 centimètres cubes) à l'abri de l'air. La dose minimum est d'une seringue de Pravaz; mais on peut en injecter, sans danger aucun, jusqu'à dix seringues par vingt-quatre heures. Sous l'influence de ce médicament l'état psychique se relève, le poids du corps augmente et l'état général s'améliore notablement. Le médicament est rapidement éliminé de l'organisme, d'où absence d'accumulation et d'accoutumance. Léger retentissement du pouls; dans la majorité des cas, rétrécissement de la pupille. Les injections sont un peu douloureuses et immédiatement après l'injection, le malade ressent de la sécheresse de gorge. La méconarcéine est aussi douée de propriétés narcotiques; dans ce but les malades se tiendront immobiles pendant et après l'injection.

Mode d'emploi. — Doses. — En solutions hypodermiques stérilisées ou en pilules à la dose de 6 à 25 milligrammes.

Narcotine. — $C^{44}H^{23}AzO^{14}$. Eq.

Prov. Alcaloïde de l'opium.

Prép. — On traite par l'acide chlorhydrique étendu la masse d'opium épuisé par l'eau, on précipite la solution par du carbonate de soude et on fait cristalliser dans l'alcool en présence d'un peu de noir animal.

Descr. — Belles aiguilles cristallines. Insoluble dans l'eau, peu soluble dans l'alcool, soluble dans 33 parties d'éther. Fond à 170°.

Réactions. — La solution sulfurique de narcotine

est colorée en jaune; par l'acide nitrique elle passe au rouge; elle devient rouge foncé par le perchlorure de fer. Le sulfocyanate de potasse précipite en rose foncé les solutions acides de narcotine.

Prop. phys. — La narcotine possède des propriétés antipériodiques analogues à la quinine à laquelle elle se montre supérieure. Elle produit de la diaphorèse. D'après Claude Bernard, la narcotine est le moins toxique des alcaloïdes de l'opium ; elle a des effets convulsivants mais moindres que la thébaïne et la papavérine; même avec 40 centigrammes on n'a pas obtenu d'effet soporifique.

Prop. thér. — Employé dans l'Inde comme antipériodique à la dose de 5 à 15 centigrammes, c'est Shaughnessy qui en a préconisé l'emploi. En Angleterre Roots prescrit le sulfate de narcotine jusqu'à la dose de 1 gramme comme succédané du sulfate de quinine dans le traitement des fièvres d'accès.

Narégamine.

Prov. — Alcaloïde isolé du *Naregamia alata*, Méliacées, par Hooper.

Descr. — Corps amorphe un peu coloré et formé de sels cristallisables avec les acides sulfurique et chlorhydrique. Il diffère de l'émétine par ses sels cristallisables et en ce qu'il ne se colore pas en présence du chlorure de chaux et de l'acide acétique.

Prop. phys. — Émétique, expectorant, cholagogue.

Prop. thér. — Employé contre les embarras gastriques, le rhumatisme et les indigestions. A petites doses c'est un expectorant utile dans les affections catarrhales et la bronchite des enfants. On l'emploie aussi dans l'emphysème; elle fluidifie les crachats et diminue la sécrétion.

Nectandrine. — $C^{20}H^{23}AzO^{4}$.

Prov. — Alcaloïde extrait du bébéru, *Nectandra Rodieri*, Lauracées, par Maclagan.

Descr. — Poudre blanche amorphe. Réaction alcaline. Saveur amère. Très peu soluble dans l'eau. Soluble dans l'alcool.

Prop. phys. — Fébrifuge, tonique.

Prop. thér. — On l'emploie contre les migraines, les névralgies périodiques et les ménorrhagies. Il est usité dans les fièvres intermittentes dans le cas où la quinine ne peut être supportée.

Mode d'emploi. Doses. — *Pilules de nectandrine. Solution de nectandrine.* — A la dose de 5 centigrammes par fois, à prendre de 2 à 10 fois par jour. (Dr Maclagan.)

Nicotine. — $C^{20}H^{14}Az^{2}$.

Prov. — Alcaloïde retiré du *Nicotiana Tabacum* par Vauquelin en 1809 et du *Pituri* par Gérard (1878). On l'obtient par dédoublement de la solanine.

Prép. — La préparation de la nicotine a été exposée avec détails, page 7 : *Préparation des alcaloïdes liquides.*

Descr. — Alcaloïde liquide, densité 1,035. Pouvoir rotatoire gauche = — 161°,55. Les sels dévient à droite le chlorhydrate = + 102°,2; le sulfate + 83°,43, l'acétate = + 110°,29. La nicotine bout à 250°. La nicotine se dissout dans l'eau, l'alcool et l'éther. L'éther l'enlève de sa solution aqueuse. Elle est très soluble dans les huiles grasses, peu soluble dans l'essence de térébenthine. Base très forte.

Réactions. — L'acétate de cuivre donne un précipité bleu gélatineux, soluble dans excès de nicotine. Les sels ferriques donnent un précipité jaune.

L'acide sulfurique concentré et pur donne une coloration en rouge vineux à froid et donne une couleur lie de vin à chaud. L'acide chlorhydrique chauffé avec la nicotine donne une coloration violette. Le chlore donne une coloration rouge sang.

Prop. phys. — La nicotine est un poison violent, elle agit en paralysant le cerveau et les muscles inspirateurs. Elle agit sur l'organisme vivant avec une violence presque sans égale. Deux gouttes suffisent pour tuer un chien de moyenne taille en quelques minutes. Les pupilles se dilatent, des phénomènes convulsifs des membres se présentent avec des spasmes tétaniformes, puis le tremblement musculaire et la mort. La nicotine n'augmente pas la sécrétion urinaire, mais elle augmente la sécrétion salivaire, elle détermine des vomissements et des évacuations alvines. La nicotine loin de s'accumuler nécessite une dose croissante pour obtenir les mêmes effets. A petite dose la nicotine active la respiration et rend les contractions du cœur plus énergiques et plus fréquentes. A forte dose la nicotine produit encore des contractions du cœur, mais cette excitation est suivie de paralysie du cœur, des nerfs moteurs, des centres nerveux et des nerfs vaso-moteurs.

Prop. thér. — Anderson employait la nicotine contre le tétanos. Harrison l'emploie pour le pansement des plaies à la dose de 1/30 de goutte à la fois.

La nicotiane, qui produit la nicotine, peut être employée dans certaines maladies de l'appareil respiratoire, dans l'hémoptysie par exemple et dans l'asphyxie. On emploie la nicotiane dans la dysurie calculeuse, l'hydropisie, la goutte et les empoisonnements par la strychnine. Mais l'action de la nicotine est tellement violente qu'on préfère avoir recours au tabac lui-même en thérapeutique.

Nupharine. — $C^{18}H^{24}Az^{2}O^{2}$.

Prov. — Alcaloïde extrait du rhizome du *Nymphaca lutea*, Nymphéacées, par W. Gruning.

Descr. — Masse blanche friable, adhérente aux doigts, inodore; elle exhale néanmoins, quand elle est dissoute dans les acides, une odeur particulière; insipide, mais très amère en solution acide. Soluble dans l'alcool, le chloroforme, l'acétone, les acides étendus; insoluble dans l'éther de pétrole. Fond à 65°.

Réactions. — Chauffée avec l'acide sulfurique dilué, la solution de nupharine brunit au bout d'une heure, puis passe peu à peu au vert foncé. En ajoutant quelques gouttes d'eau il se fait un précipité volumineux d'un jaune brun. La solution sulfurique laissée en présence de l'acide sulfurique et de la chaux, prend en dix ou douze jours une magnifique coloration verte, devenant vert bleu foncé. L'addition de quelques gouttes d'eau détermine la séparation d'un précipité jaune cristallisé. Si on décante le liquide qui surnage ce précipité, celui-ci se redissout par le repos à l'air, plus rapidement encore par addition de quelques gouttes d'acide sulfurique et peu à peu le liquide prend une coloration verte.

Prop. phys. — Calmant, réfrigérant, anaphrodisiaque, tonique, astringent.

Prop. thér. — Peu usité en thérapeutique, employé comme astringent dans les diarrhées rebelles.

Mode d'emploi. Doses. — *Pilules de nupharine à* 0gr,10. A la dose de 1 à 5 en 24 heures.

Oléandrine.

Prov. — Alcaloïde extrait du *Nerium Oleander*, Apocynacées, par Lukomski.

Descr. — Corps résinoïde, jaunâtre, inodore, très amer. Fond à 70°, se sublime en cristaux prismatiques microscopiques. Peu soluble dans l'eau, facilement soluble dans l'éther et l'alcool.

Réaction. — Les sels sont précipités par le chlorure d'or et de platine.

Prop. phys. — L'oléandrine est très toxique; appliquée sur la conjonctive, elle produit une forte irritation; introduite dans les fosses nasales, elle détermine des éternuements violents; dans le tube digestif, de la diarrhée et des convulsions tétaniques intermittentes qui peuvent être mortelles; injectée dans les veines d'un chien, elle le tue en quelques instants; elle exerce une action puissante sur le cœur comme la digitaline.

Prop. thér. — On l'emploie dans l'asystolie due à des lésions cardiaques ou rénales; elle agit comme toxique sur le cœur, tout en augmentant les sécrétions. Elle semble devoir être utile dans tous les cas où l'on emploie la digitaline et la strophanthine et possède sur eux l'avantage de ne pas rester dans l'organisme.

Dose. — De 1/2 à 1 milligramme.

Oxyacanthine. — $C^{32}H^{23}AzO^{12}$.

Prov. — Cet alcaloïde a été isolé dans l'épine-vinette, *Berberis vulgaris*, Berbéridées, par Polen.

Descr. — Poudre blanche amorphe. Fond à 139°. Presque insoluble dans l'eau froide, soluble dans 30 parties d'alcool froid, 1 partie d'alcool à 90° bouillant, 125 parties d'éther froid, 4 parties d'éther bouillant. Elle se dissout dans le chloroforme, les essences, les huiles grasses.

Réactions. — Chauffée à 140° elle dégage de l'ammoniaque. L'acide azotique la convertit à chaud en acide oxalique.

Prop. phys. — Antipériodique, diaphorétique, tonique.

Prop. thér. — On l'emploie contre la malaria, les

indigestions, la diarrhée, l'épilepsie et l'éclampsie.

Mode d'emploi. Doses. — Pilules, cachets, de 10 à 30 centigrammes.

Papavérine. — $C^{40}H^{21}AzO^{8}$. Eq.

Prov. — Alcaloïde de l'opium, découvert par M. E. Merck.

Descr. — Cristallise en aiguilles incolores. Fond à 147°. Insoluble dans l'eau, peu soluble dans l'éther et l'alcool, soluble dans le chloroforme et la benzine. Base faible.

Réactions. — L'acide nitrique la dissout et colore en jaune. L'acide sulfurique concentré la colore en bleu.

L'acide chlorhydrique à 180° fournit du chlorure de méthyle et un liquide huileux qui donne par le chlorure ferrique une coloration vert émeraude passant au rouge par la soude.

Prop. phys. — Claude Bernard a prouvé l'activité de la papavérine et l'a classée en second rang comme convulsivant et en troisième rang, comme toxique. La papavérine administrée à l'homme sain ne produit pas la moindre action hypnotique à la dose de 36 centigrammes. Bouchut a pu donner 1 gramme de papavérine à un enfant de quatorze ans, sans remarquer aucune modification fonctionnelle, aucun phénomène imputable à cet alcaloïde. Rabuteau a démontré que si la papavérine n'avait pas d'action sédative, elle avait une action convulsivante très manifeste. Les convulsions sont réflexes, il suffit de frapper sur une table voisine pour déterminer des convulsions. De plus la dose convulsivante serait, d'après Rabuteau, la dose toxique.

Prop. thér. — La papavérine est très peu employée. On l'a conseillée dans le traitement des maladies mentales, l'insomnie, les névroses. Les succès obtenus sont trop incertains pour pouvoir recommander l'usage de cette substance.

Paricine. — $C^{32}H^{18}Az^{2}O^{2} + 1/2H^{2}O$.

PROV. — Alcaloïde retiré du *China Jaen fusca*, Rubiacées, par Winckler et dans le *Cinchona succirubra*, par Hesse.

DESCR. — Cristaux blancs aiguillés. Fond à 130°. Soluble dans l'éther et l'alcool, moins soluble dans l'éther de pétrole et presque insoluble dans l'eau. Pouvoir rotatoire nul. Solution amère.

RÉACTIONS. — L'acide azotique la dissout en se colorant en jaune verdâtre. L'acide azotique le résinifie.

PROP. PHYS. ET THÉR. — La paricine possède des propriétés fébrifuges et toniques, mais les expériences physiologiques et thérapeutiques qu'on a tentées avec elle ne sont pas assez concluantes pour la faire admettre dans la thérapeutique courante.

Parthénine.

PROV. — Alcaloïde extrait du *Parthenium Hysterophorus*, Composées, par Toward.

DESCR. — Corps cristallisé blanc, insoluble dans l'eau, soluble dans l'alcool.

PROP. PHYS. — D'après le Dr Ulrici elle est antipyrétique, analgésique et fébrifuge ; elle est toxique à haute dose.

PROP. THÉR. — Employée avec succès dans le traitement des névralgies faciales, des fièvres intermittentes, quand la quinine avait échoué.

DOSE. — Un gramme par jour.

Pelletiérine. — $C^{16}H^{15}AzO^{2}Eq$.

PROV. — Les alcaloïdes de l'écorce de grenadier, Lauracées-Granatées, ont été découverts par Tanret.

PRÉP. — De l'écorce de grenadier est réduite en

poudre grossière, puis humectée avec un lait de chaux assez épais et tassée dans des allonges. On lessive à l'eau et l'on recueille deux parties de liqueur qu'on agite fortement et à plusieurs reprises avec du chloroforme. Celui-ci est séparé au moyen d'un entonnoir à robinet, et agité avec une quantité convenable d'acide étendu, de manière que la réaction du liquide aqueux devienne neutre ou faiblement acide. La liqueur contient quatre alcalis à l'état de sels. Après action de bicarbonate de soude et lavage au chloroforme on enlève deux alcalis, puis par addition de potasse et lavage au chloroforme on enlève la pelletiérine et l'isopelletiérine.

1° **Méthylpelletiérine.** — $C^{18}H^{17}AzO^{2}$.

Descr. — Liquide, soluble dans 25 parties d'eau à 12°. Très soluble dans l'alcool, l'éther et le chloroforme. Bout à 215°.

2° **Pseudopelletiérine.** — $C^{18}H^{15}AzO^{2}$.

Descr. — Cristaux prismes droits. Fond à 46°; bout à 246°. Très soluble dans l'eau, l'alcool, le chloroforme et l'éther.

Réaction. — Avec l'acide sulfurique et le bichromate de potasse elle donne une coloration verte.

3° **Isopelletiérine.** — $C^{16}H^{15}AzO^{2}$.

Isomère de la pelletiérine.

4° **Pelletiérine.** — $C^{16}H^{15}AzO^{2}$.

Descr. — Liquide de densité 0,988. Soluble dans l'alcool, dans l'éther et le chloroforme, soluble dans 20 parties d'eau. Bout à 125°. Pouvoir rotatoire à droite $= + 8°$.

Réaction. — La pelletiérine avec l'acide sulfurique concentré et un cristal de bichromate de potasse donne une coloration verte (*Tanret*).

Pelletiérine (Bromhydrate de). — Liquide brun épais, soluble dans l'eau.

Pelletiérine (Sulfate de). — Liquide brun épais, soluble dans l'eau.

Pelletiérine (Tannate de). — Poudre grise, soluble dans l'eau.

Prop. phys. — Tænicide lorsqu'il est pris par voie stomacale. Quand on introduit sous la peau des sels de pelletiérine on observe de la pesanteur de tête et des vertiges ; le malade a les yeux injectés et les pupilles contractées : A ces phénomènes se joignent des nausées, vomissements, sensation de faiblesse, paresse des membres. Il se forme une paralysie des nerfs moteurs, qui laisse intactes la contractilité musculaire et la sensibilité.

Prop. thér. — La pelletiérine et ses sels sont un excellent remède tænifuge, que l'on emploie par voie buccale à la dose habituelle de 40 centigrammes. La dose doit être de 6 centigrammes pour les enfants et pour les adultes elle peut être portée à 50 et même 60 centigrammes. On l'emploie en injections sous-cutanées à la dose de 5 centigrammes, à 25 centigrammes contre la paralysie, le vertige, la maladie de Ménière, le tétanos, l'hydrophobie et la paralysie des muscles.

Mode d'emploi. — Doses.

Potion au sulfate de pelletiérine (Dr Béranger-Féraud):

Sulfate de pelletiérine......	0gr,30
Tannin....................	0gr,50
Potion gommeuse..........	150 grammes.

A prendre en deux fois et une demi-heure après un purgatif.

Solution au tartrate de pelletiérine (Dr Dujardin-Beaumetz) :

Tartrate de pelletiérine.....	1 gramme.
Eau......................	50 grammes.
Solution d'acide tartrique...	Q. S.

Mêlez et dissoudre.

A prendre en une fois.

Pélosine. — $C^{36}H^{21}AzO^{6}, H^{2}O^{2}$. Eq.

Syn. — Cissampéline. Pellutéine.

Prov. — Alcaloïde retiré du *Cissampelos Pareira*, Ménispermacées, par Wigger, qui considère la pélosine comme une espèce d'alcaloïde, tandis que Flückiger l'identifie à la buxine et à la bébérine.

Descr. — Substance amorphe incristallisable, transparente. Insoluble dans l'eau, soluble dans l'éther, le sulfure de carbone, l'alcool et la benzine, très soluble dans le chloroforme et l'acétone. Pouvoir rotatoire droit.

Réactions. — A l'air et à la lumière la pélosine jaunit, dégage de l'ammoniaque et devient insoluble dans l'éther.

L'acide azotique moyennement concentré la résinifie.

Prop. phys. — Tonique, diurétique, emménagogue, fébrifuge.

Prop. thér. — Usitée dans les affections catharrhales de la vessie et dans la gravelle urique. On l'emploie contre la goutte, le lumbago, la cystite calculeuse, la dyspepsie par atonie et débilité de l'estomac.

Picramnine.

Prov. — Alcaloïde extrait du *Picramnia antidesma*, Rutacées, vulgo *Cascara amarga*, par M. le Dr Frohling.

Descr. — Alcaloïde amorphe soluble dans le chloroforme, et peu soluble dans l'éther et la benzine; insoluble dans l'eau et les alcalis. Les sels sont amorphes et solubles dans l'eau.

Prop. thér. — Le Dr Frohling (de Mexico) a employé en collyre avec succès la picramnine dans un cas d'iritis spécifique; il a vu une amélioration manifeste survenir au bout de trois jours. Il l'emploie à l'intérieur contre la syphilis et la tuberculose syphilitique.

Piligaline.

Prov. — Alcaloïde extrait du *Lycopodium Saururus*, vulgo *Piligan*, Lycopodiacées, par le Dr Bardet.

Descr. — Masse molle jaune, transparente, d'odeur vireuse. Soluble dans l'eau, l'alcool, le chloroforme; insoluble dans l'éther.

Réactions. — Une baguette imprégnée d'acide chlorhydrique émet des vapeurs quand on l'approche de cet alcaloïde.

Sels. — Le chlorhydrate cristallise et donne de petits cristaux microscopiques, incolores, déliquescents.

Prop. phys. — La piligaline est toxique, émétique et convulsivante. La dose toxique est de 6 centigrammes par kilo d'animal.

Prop. thér. — On l'emploie dans le catarrhe gastrique.

Pilocarpine. — $C^{22}H^{16}Az^{2}O^{4}$.

Prov. — Alcaloïde retiré du *Pilocarpus pinnatus* ou *Jaborandi*, Rutacées-Xanthophyllées.

Descr. — Substance amorphe, visqueuse, peu soluble dans l'eau, très soluble dans l'alcool, l'éther et le chloroforme.

La pilocarpine a été isolée par Byasson en 1875.

Le jaborandi contient en outre de la *jaboran-*

dine $C^{24}H^{12}Az^2O^6$ et de la *jaborine* $C^{22}H^{16}Az^2O^4$.

Réactions. — La pilocarpine donne avec l'acide sulfurique une coloration jaune, et par addition de bichromate de potasse une coloration vert émeraude.

Prop. phys. — Elle augmente la sécrétion de la salive, des larmes et de la sueur. Elle produit une contraction rapide de la pupille ; l'action commence au bout de dix minutes et persiste pendant deux à cinq heures. Elle possède en outre des propriétés narcotiques et est un antidote de l'atropine.

Prop. thér. — Sialagogue et diurétique puissant, elle est employée contre l'urémie. On l'a prescrite avec succès contre le diabète insipide, l'albuminurie purulente, les convulsions. C'est un stimulant contre les coliques hépatiques, la néphrite aiguë et l'hydropisie. La pilocarpine est un traitement spécifique contre la jaunisse ; elle réussit très bien dans l'urticaire chronique. Quelquefois on s'en sert dans l'ataxie locomotrice, le tétanos traumatique, la diphthérie et la syphilis.

A l'extérieur elle est usitée contre le prurigo et l'alopécie.

La pilocarpine n'est guère usitée qu'à l'état de sels.

Pilocarpine (Acétate de).

Descr. — Sel cristallisé en prismes. Soluble dans l'eau, l'alcool et l'éther, insoluble dans le sulfure de carbone.

Pilocarpine (Chlorhydrate de).

Descr. — Sel cristallisé en longues aiguilles, s'irradiant autour d'un centre commun, soluble dans l'eau, l'alcool et le chloroforme, soluble dans l'éther.

MODE D'EMPLOI.

Potion contre la diphthérie (Guttman) :

Chlorhydrate de pilocarpine.	0gr,3 à 0gr,4
Pepsine	6 à 8 grammes.
Acide chlorhydrique........	XXI gouttes.
Eau	80 grammes.

F. S. A. Une cuillerée à café toutes les heures.

Pilocarpine (Nitrate de).

DESCR. — Sel stable cristallisé. Soluble dans 8 parties d'eau, très peu soluble dans l'alcool.

MODES D'EMPLOI.

Collyre au nitrate de pilocarpine :

Nitrate de pilocarpine......	0gr,05
Eau distillée bouillie......	10 grammes.

Injection hypodermique au nitrate de pilocarpine :

Nitrate de pilocarpine	0gr,30
Eau distillée...............	30 grammes.

F. dissoudre.

Lavement pilocarpiné (Dujardin-Beaumetz) :

Nitrate de pilocarpine.......	0gr,02
Eau distillée..............	150 grammes.

F. dissoudre.

DOSES. — A l'intérieur de 1 à 2 centigrammes. En injections sous-cutanées à la dose de 1 centigramme.

Pipéridine. — $C^{10}H^{11}Az$. Eq.

PROV. — Alcaloïde obtenu par Cahours du poivre blanc ou de la pipérine.

PRÉP. — On l'obtient en distillant l'extrait alcoolique du poivre ou de la pipérine avec un excès de potasse.

DESCR. — Alcali liquide, incolore, limpide et réaction alcaline. Soluble en toute proportion dans l'eau. Bout à 106°.

RÉACTIONS. — La pipéridine se comporte, comme réactions, absolument comme le ferait l'ammoniaque.

L'acide cyanique et le chlorure de cyanogène la transforment en un produit semblable à l'urée, la piprylurée.

Par l'action de l'acide sulfurique à 300° elle donne de la pyridine $C^{10}H^5Az$.

PROP. PHYS. — Stimulant digestif. De plus la pipéridine paralyse les appareils terminaux des nerfs sensitifs, arrête rapidement la respiration et les battements du cœur.

PROP. THÉR. — On l'emploie comme excitant des centres moteurs, de la respiration, de la circulation, de la contractilité vaginale.

MODE D'EMPLOI. — Pilules de 5 milligrammes à la dose de 1 à 2 par 24 heures.

Pipérine. — $C^{34}H^{19}AzO^6$ Eq.

SYN. — *Piperin.* Kawaïne. Méthystine.

PROV. — Alcaloïde extrait des *Piper longum, nigrum, caudatum* par Œrstedt. Landerer l'a retrouvé dans le *Schinus Molle* et le *Cubeba Clusii* ; enfin Cuzent l'a retiré en même temps que Gobley du *Piper methysticum*.

DESCR. — Cristaux incolores à 4 pans. Fond à 128°. Insoluble dans l'eau froide, peu soluble dans l'éther, soluble dans la benzine et surtout dans l'alcool. Pouvoir rotatoire nul.

RÉACTIONS. — L'acide sulfurique concentré dissout la pipérine en donnant une coloration rouge rubis.

L'acide azotique donne des vapeurs nitreuses et forme de l'acide oxalique.

La potasse alcoolique dédouble quand on la chauffe la pipérine en pipéridine et acide pipérique.

$$\underset{\text{Pipérine.}}{C^{34}H^{19}AzO^6} + KHO^2 = \underset{\text{Pipéridine.}}{C^{10}H^{11}Az} + \underset{\text{Pipérate de potasse.}}{C^{24}H^9KO^8}.$$

Prop. phys. — Fébrifuge, stimulant à doses modérés et facilitant la digestion à doses plus considérables, irritant et pouvant déterminer de l'hématurie.

Prop. thér. — La pipérine a été préconisée comme fébrifuge à la dose de 30 à 60 centigrammes en pilules ou en poudre.

Porphyrine. — $C^{42}H^{25}Az^3O^4$.

Prov. — Alcaloïde extrait de l'*Alstonia constricta* par Hesse.

Descr. — Amorphe, blanche. Soluble dans l'éther, l'alcool et le chloroforme. Fond à 97°. Les solutions alcooliques possèdent une fluorescence bleue. Elle est très amère.

Réactions. — L'acide azotique et l'acide sulfurique donnent une coloration rouge, que l'addition d'un cristal d'acide chromique fait passer au vert.

Prop. phys. — Tonique, amer, fébrifuge.

Prop. thér. — Excellent amer employé comme stimulant de l'estomac, employé comme antipériodique et contre la débilité qui suit les fièvres intermittentes.

Dose. — Un centigramme en pilules.

Protopine. — $C^{40}H^{19}AzO^{10}$. Eq.

Prov. — Alcaloïde retiré de l'opium par Hesse.

Descr. — La protopine se présentant sous la forme d'une poudre blanche, au moyen de l'alcool on obtient une poudre cristalline ; fond à 202°. Insoluble dans l'eau, difficilement soluble dans l'alcool bouillant, un peu soluble dans le chloroforme, très difficilement soluble dans l'éther qui la dissout des solutions aqueuses où elle a été précipitée. La solution alcoolique a une réaction. Elle est insoluble dans une solution de potasse.

Réactions. — L'acide sulfurique la colore en jaune puis en rouge ; elle n'est pas colorée par le perchlorure de fer; l'acide sulfurique additionné d'une goutte de perchlorure de fer la colore en violet.

Sels. — Les sels sont cristallisables. Le chlorhydrate de protopine est en cristaux prismatiques, rhombiques, très difficilement solubles dans l'eau et tout à fait insolubles dans l'acide chlorhydrique.

Prop. phys. et thér. — La protopine possède des propriétés calmantes et hypnotiques, mais les expériences physiologiques et thérapeutiques qu'on a tentées sur elle ne sont pas assez concluantes pour la faire admettre dans la thérapeutique courante.

Pseudo-morphine. — $C^{17}H^{17}AzO^{3}$.

Syn. — Oxymorphine. Oxydomorphine.

Prov. — Alcaloïde retiré de l'opium par Pelletier et Thiboumery.

Descr. — Cristaux blancs, soyeux, inodores, insipides. Insoluble dans l'eau, l'alcool, l'éther, le chloroforme, le sulfure de carbone, l'acide sulfurique dilué, les carbonates alcalins ; soluble dans l'ammoniaque alcoolique, les alcalis caustiques.

Réactions. — L'acide sulfurique concentré la dissout avec une coloration vert olive. Avec l'acide nitrique coloration jaune orange. Avec le perchlorure de fer coloration bleue.

Prop. phys. et thér. — La pseudo-morphine possède des propriétés hypnotiques douteuses, les expériences cliniques faites avec ce produit ne sont pas assez probantes pour l'admettre dans la thérapeutique.

Québrachine. — $C^{42}H^{26}Az^2O^6$.

PROV. — Écorce de *Quebracho*, Apocynacées.

Alcaloïde découvert par Tanret et étudié par Hesse.

DESCR. — Aiguilles fines jaunissant à l'air. Insoluble dans l'eau, soluble dans le chloroforme et l'alcool bouillant, peu soluble dans l'alcool froid, l'éther et la benzine. Pouvoir rotatoire droit $+18°,6$.

RÉACTIONS. — En quelques minutes sa solution dans l'acide sulfurique donne une coloration bleue qui devient plus vive par l'addition de bichromate de potasse, ou de peroxyde de plomb ou d'acide molybdique.

Le quebracho contient en outre d'autres alcaloïdes que M. Tanret a isolés : *aspidospermatine* $C^{44}H^{28}Az^2O^4$; l'*aspidosamine* $C^{44}H^{28}Az^2O^4$ et l'*hypoquébrachine* $C^{42}H^{26}Az^2O^4$. Eq.

PROP. PHYS. — D'après Penzold la québrachine ralentit et annihile peu à peu les mouvements du cœur, de même que les autres alcaloïdes du quebracho.

PROP. THÉR. — La québrachine a été étudiée par MM. Huchard et Éloy. Elle a des propriétés antithermiques et antidyspnéiques moins énergiques que l'aspidospermine.

MODE D'EMPLOI ET DOSES. — Pilules de 2 centigrammes, une fois par jour.

Quinicine. — $C^{40}H^{24}Az^2O^4$. Eq.

PRÉP. — On l'obtient en ajoutant de l'eau et de l'acide sulfurique à du sulfate de quinine et en chauffant le tout à 130° pendant quelques heures;

le produit est du sulfate de quinicine, on le décompose par un alcali.

DESCR. — Liquide huileux, se solidifiant en une masse fusible à 60°. Peu soluble dans l'eau froide, plus soluble dans l'eau chaude, se dissout bien dans l'éther, l'acétone et le chloroforme. Pouvoir rotatoire = + 44°,1.

RÉACTIONS. — Se colore en vert par le chlore et l'ammoniaque.

PROP. THÉR. — La quinicine possède des propriétés antipériodiques mais elle est aussi convulsivante.

DOSE. —10 centigrammes par jour.

Quinidine. — $C^{40}H^{24}Az^{2}O^{4}$. Eq.

SYN. — Conquinine.

PROV. — Alcaloïde extrait du *Cinchona Calisaya* cultivé et du *Pitayo*.

PRÉP. — Du mélange des alcaloïdes connus dans le commerce sous le nom de quinoïdine, on l'isole en précipitant par l'iodure de potassium, la solution acide de quinoïdine. L'iodhydrate de quinidine étant insoluble dans l'eau se sépare et on en retire ensuite la quinidine.

DESCR. — Cristaux octaédriques dérivés du prisme rhomboïdal droit, volumineux, brillants, efflorescents. Elle se dissout dans 2000 parties d'eau et dans 750 parties d'eau bouillante, soluble dans l'alcool, l'éther et le chloroforme. Pouvoir rotatoire = + 233°,6.

RÉACTIONS. — Elle donne avec le chlore et l'ammoniaque la même réaction que la quinine.

SEL EMPLOYÉ. — Le sulfate de quinidine.

PROP. THÉR. — Tonique et antipériodique, employé dans la médication des enfants. Antipyrétique usité dans la fièvre typhoïde.

MODE D'EMPLOI.

Pilules de sulfate de quinidine :

Sulfate de quinidine.......	1 gramme.
Glycérine..................	0gr,50
Gomme adragante..........	0gr,25

F. S. A. 10 pilules à la dose de 1 à 4 par jour.

Solution de sulfate de quinidine :

Sulfate de quinidine.......	0gr,60
Acide sulfurique dilué......	Q. S. pour dissoudre.
Eau distillée de menthe.....	30 grammes.

A prendre en une fois.

Quinine. — $C^{40}H^{24}Az^{2}O^{4} + 3HO$. Eq.

PROV. — *Alcaloïde extrait du Cinchona Calisaya, pitayensis, Ledgeriana*, par Pelletier et Caventou.

PRÉP. — On l'obtient en précipitant un sel de quinine par un excès de soude diluée ou d'ammoniaque, on obtient une poudre blanche amorphe.

DESCR. — Masse caséeuse qui dès sa préparation contient 9 éq. d'eau et qui au contact de l'air n'en conserve plus que 3 éq. Au contact du liquide dans lequel on l'a préparée elle cristallise à la longue en aiguilles brillantes. L'hydrate de quinine très pur dissous dans l'alcool donne des cristaux au bout de huit jours à l'étuve à 30°. La quinine fond à 117°. Elle est très soluble dans l'éther, assez soluble dans l'alcool dilué, l'éther de pétrole et la benzine. Elle est soluble dans l'eau chaude et se dépose par le refroidissement à 150° la solution aqueuse renferme une partie de quinine pour 1960 parties d'eau. Elle forme plusieurs hydrates. Elle a un pouvoir rotatoire gauche de — 170°,7.

ACT. PHYS. — La quinine se place parmi les meilleurs fébrifuges et amers. Elle stimule la contractilité des capillaires, diminue l'afflux sanguin et les actes respiratoires. Elle est antithermique. Portée dans l'estomac elle excite l'appétit et favorise les fonctions digestives. Appliquée sur la peau elle abolit l'irritabilité hallérienne, puis elle détermine une inflammation assez vive qui peut aller jusqu'à la suppuration.

Sur la circulation du sang la quinine exerce une action tonique sur l'ensemble du système capillaire qu'elle tend à resserrer, c'est ainsi qu'elle est sédative et antiphlogistique. Lorsque son action est poussée trop loin on constate une diminution du volume de la rate; et il se traduit sur l'encéphale une série de symptômes congestifs, céphalée, étourdissements, bruissements d'oreilles, titubation de la pupille. A petites doses la quinine augmente presque aussitôt l'énergie et la répétition des battements du cœur. La quinine est éliminée par l'urine, la sueur, les larmes, le lait et la salive.

Quand on donne la quinine à hautes doses il survient de la congestion sanguine du rein, de l'excitation de la vessie pouvant aller jusqu'à la cystite et la rétention d'urine, et albuminurie. A la dose de 3 à 5 grammes, cet alcaloïde produit des effets toxiques par exagération d'anémie cérébrale. On obtient des convulsions, du délire, l'agitation, le tremblement; puis succèdent de grandes hémorrhagies; puis viennent la somnolence, la torpeur, le coma et enfin quelquefois la mort.

Prop. thér. — La quinine est administrée rationnellement toutes les fois qu'il s'agit de refréner des fluxions sanguines actives, de modérer la chaleur et de tempérer la fièvre. Elle réussit très bien dans les névralgies congestives, la névrite et l'hyperhémie du cerveau.

A petites doses c'est un tonique névrosthénique. Mais la quinine est le plus habituellement usitée contre les fièvres intermittentes ou rémittentes d'origine palustre, et contre les affections analogues par la nature étiologique, ou semblables quant à la périodicité, bien que contractées dans des circonstances différentes. Pour les fièvres maremmatiques la quinine est le seul remède héroïque, son efficacité est telle qu'on les désigne sous le nom de fièvres à quinquina. Elle est aussi d'une grande utilité dans les fièvres éphémères saisonnières, les fièvres symptomatiques, les fièvres éruptives, les fièvres continues, la dothiénentérie, les phlegmasis aiguës, la phthisie.

Dans l'arthritisme, elle offre souvent de bons résultats dans le rhumatisme articulaire aigu, et elle modère les accès de goutte inflammatoire.

Elle est inefficace dans les névralgies *a frigore*, dans les fièvres puerpérales, les infections purulentes et putrides et dans les arthrites intenses arrivées à une phase avancée de leur évolution.

Quant aux affections nerveuses la quinine réussit fort bien dans les névralgies brachiales, poplitées, dans beaucoup de névroses. Les migraines en général cèdent à la quinine plutôt qu'à la caféine, de même que l'asthme, la dyspnée, la toux convulsive et les palpitations cardiaques liées à l'asthénie vasomotrice.

La quinine agit non seulement comme antipyrétique, mais elle influence aussi, indépendamment de ses effets antipyrétiques, directement le cœur. Selon Hare, ses effets sur le cœur sont ceux d'un tonique puissant, parce que sous son influence les battements du cœur deviennent plus énergiques. L'auteur recommande la quinine dans la fièvre typhoïde, surtout dans les périodes avancées de cette maladie, dans la phthisie pulmonaire très avancée, dans la pneumonie fibreuse, dans la bronchopneumonie et dans la fièvre des cas chirurgicaux. Les doses à administrer sont de 15, 25 à 35 centigrammes toutes les trois heures, chaque fois que le pouls est au-dessus de 120 par minute. Le ralentissement du pouls à la suite de l'administration de la quinine se fait lentement; ainsi, dans la fièvre typhoïde, vingt-quatre heures après la première dose de quinine, mais le ralentissement obtenu dure deux ou trois jours.

MODES D'EMPLOI.

Pommade contre l'alopécie (Heyder) :

Quinine	0gr,50.
Teinture de cantharides.....	X gouttes.
Baume nerval..............	30 grammes.

Faire dissoudre à chaud.

Oléate de quinine :

Quinine pure..............	25 grammes.
Acide oléique pur..........	75 —

On l'emploie à la dose de 2 à 4 grammes en imbibant une compresse de 12 à 15 centigrammes, recouverte de gutta-percha.

Potion contre la migraine (Piorry) :

Quinine.....................	1 gramme.
Alcool à 80°...............	9 grammes.
Teinture de cannelle........	5 —
Sirop de vanille............	25 —

Mêlez. — A prendre par cuillerées à café.

Teinture de quinine (Soubeiran) :

Quinine	1 gramme.
Alcool à 90°	99 grammes.

Faites dissoudre.

Doses. — Trousseau prescrit de 20 à 30 centigrammes de quinine pour les enfants et 1 gramme pour les adultes.

TABLEAU DE LA RICHESSE EN QUININE DES DIVERS SELS.

1 gr.	d'Azotate de quinine basique renferme	0,856	de quinine.
—	Bromhydrate basique	0,765	—
—	Bromhydrate neutre	0,600	—
—	Chlorhydrate basique	0,836	—
—	Lactate basique	0,726	—
—	Salicylate basique	0,688	—
—	Sulfate basique	0,743	—
—	Sulfate neutre	0,592	—
—	Tannate	0,206	—
—	Valérianate	0,760	—

(M. Boymond.)

Quinine (Acétate de).

Prép. — On le prépare en dissolvant le sulfate de quinine dans une solution d'acétate de soude.

Descr. — Cristaux en aiguilles allongées. Il contient 85 p. 100 de quinine; très soluble dans l'eau.

Mode d'emploi. — Mêmes usages que le sulfate de quinine.

Quinine (Arséniate de). — $(C^{40}H^{24}Az^2O^4)^2AsH$.

Prép. — On fait bouillir une solution concentrée d'acide arsénique avec de la morphine pure.

Descr. — Cristaux en prismes allongés, soluble dans l'eau chaude.

Prop. thér. — Fébrifuge excellent employé contre les fièvres pernicieuses.

Dose. — De 1 à 6 milligrammes.

Quinine (Benzoate de). — $C^{40}H^{24}Az^2O^4,C^{14}H^6O^4$.Eq.

Ce sel obtenu en dissolvant dans l'alcool l'acide

benzoïque et la quinine, cristallise très bien. Il contient 73 p. 100 de quinine. Il est très usité en Angleterre.

Quinine (Bromhydrate de).

$C^{40}H^{24}Az^2O^4,2HBr+2HO$.

PRÉP. — On délaye 10 grammes de sulfate de quinine dans 80 centimètres cubes d'eau, on porte à l'ébullition et on ajoute 3gr,80 de bromure de baryum dissous dans 20 grammes d'eau, on filtre ; on évapore et on fait cristalliser.

DESCR. — Le bromhydrate de quinine cristallise en aiguilles blanches groupées soyeuses ; soluble dans parties d'eau froide.

MODE D'EMPLOI.

Injection hypodermique au bromhydrate de quinine :

Bromhydrate de quinine neutre...	1 gramme.
Eau distillée..........................	9 grammes.

Faites dissoudre.

Quinine (Chlorhydrate neutre de).

$C^{40}H^{24}Az^2O^4 2HCl$.

PRÉP. — Ce sel est obtenu en traitant la quinine pure par un excès d'acide chlorhydrique concentré. Il cristallise dans l'acide.

DESCR. — Sel en aiguilles blanches soyeuses groupées, soluble dans 6 parties d'eau distillée.

MODE D'EMPLOI.

Solutions hypodermiques pour injections :

Chlorhydrate de quinine neutre..	1 gramme.
Eau distillée..........................	9 grammes.

F. S. A.

Pilules antiasthmatiques (Lebert) :

Chlorhydrate de quinine....	1 gramme.
Acide arsénieux............	0gr,06.
Sulfate d'atropine.........	0gr,03.
Extrait de gentiane.........	Q. S.

Pour 60 pilules. Dose 4 par jour.

Quinine (Chlorhydrosulfate de).

$(C^{40}H^{24}Az^2O^4)2\,HCl, SO^4H^2, 3\,H^2O$.

SYN. — Sulfochlorhydrate de quinine.

DESCR. — Le *chlorhydrosulfate*, préparé par M. Grimaux à la suite de conceptions théoriques, est bien une espèce chimique et non un mélange. Ce sel est très facilement soluble dans l'eau : *il se dissout dans son poids d'eau à la température ordinaire;* il est donc dans des conditions très favorables pour être absorbé par les voies digestives, tandis que le sulfate médicinal exige plus de 700 parties d'eau, et ne paraît se dissoudre dans l'estomac qu'à la faveur de l'acide du suc gastrique.

PROP. THÉR. — Ce sel double est appelé à rendre de véritables services dans le traitement des fièvres intermittentes, surtout dans les cas qui exigent une action rapide et sûre, et en général dans les indications qui, par la périodicité du phénomène morbide, ressortissent à l'action de la quinine.

Cette facile solubilité le rend aussi très maniable pour les injections hypodermiques : une solution préparée avec 5 grammes de sel et 6 centimètres cubes d'eau renferme, par centimètre cube, 50 centigrammes de sel.

Enfin, un autre de ses avantages, c'est que, pour le même poids, il renferme la même quantité de quinine que le sulfate médicinal cristallisé, avec 7 molécules d'eau : il contient, en effet, pour 100,

74,2 de quinine, et le sulfate médicinal à 7 H^2O en contient 74,3 ; il doit, conséquemment, être prescrit aux mêmes doses que ce dernier.

Quinine (Ferrocyanate de).

PRÉP. — On l'obtient en faisant bouillir une solution de sulfate de quinine et de ferrocyanure de potassium, on précipite par l'eau, on reprend par l'alcool qui laisse le sel par évaporation.

DESCR. — Paillettes jaunes très solubles dans l'eau.

DOSES. — De 6 centigrammes à 1 gramme, en pilules ou cachets.

Quinine (Iodure d'iodhydrate de).

PRÉP. — On ajoute goutte à goutte une solution d'iode dans l'alcool à une solution chaude de sulfate de quinine neutre.

DESCR. — Lames minces rectangulaires de couleur rouge par transmission et verte par transparence.

MODE D'EMPLOI.

Pilules d'iodure d'iodhydrate de quinine :

Iodure d'iodhydrate de quinine..	2 grammes.
Extrait de quinquina...........	Q. S.

F. S. A. 20 pilules.

DOSE de 2 à 4 par jour.

Pommade :

Iodure d'iodhydrate de quinine..	1 gramme.
Vaseline......................	30 grammes.

Mêlez.

Quinine (Lactate de). — ($C^{40}H^{24}Az^{24},C^{5}H^{6}O^{6}$).

PRÉP. — On sature l'acide lactique par une solution aqueuse de quinine pure.

Mode d'emploi.

Descr. — Aiguilles soyeuses et plates sel soluble dans l'eau.

Pilules de lactate de quinine :

Lactate de quinine.........	2 grammes.
Extrait de quinquina.......	Q. S.

F. S. A. 20 pilules 2 à 10 par jour.

Potion au lactate de quinine :

Lactate de quinine..........	0gr,50 à 1 gramme.
Cognac....................	10 grammes.
Eau.......................	100 —

Mêlez à prendre en 3 fois.

Suppositoires au lactate de quinine :

Lactate de quinine..........	1 gramme.
Beurre de cacao............	20 grammes.

F. S. A. 4 suppositoires.

Quinine (Phénate de).

Syn. — Carbolate de quinine.

Prép. — On dissout la quinine dans une solution d'acide phénique.

Descr. — Soluble dans 400 parties d'eau et quarante parties d'alcool.

Quinine (Salicylate de).

Prép. — On le prépare en mélangeant une solution de chlorhydrate de quinine et de salicylate d'ammoniaque.

Descr. — Cristaux anhydres en prismes. Soluble dans 200 parties d'eau et 20 parties d'alcool.

Dose de 6 à 65 centigrammes.

Quinine (Stéarate de).

Pommade fébrifuge :

Stéarate de quinine.........	2 grammes.
Limoline...................	10 —

F. S. A.

Quinine (Sulfate de).

$(C^{40}H^{24}Az^{2}O^{42})\ H^{2}S^{2}O^{8} + 7H^{2}O^{2}$.

Syn. — Sulfate de quinine officinal.

Prép. — On emploie le procédé à la chaux de Pelletier et Caventou, seulement on épuise le rendu sec par des huiles lourdes de schistes au lieu d'alcool. On n'a qu'à ajouter une solution aqueuse d'acide sulfurique et agiter le liquide avec des huiles lourdes chargées de quinine pour en retirer tout l'alcaloïde que l'on obtient sous forme de sulfate de quinine.

On n'a plus qu'à le purifier.

Descr. — Cristaux en aiguilles prismatiques, fines, brillantes, légèrement flexibles, de système clinorhombique. Les solutions sont fluorescentes. Il a un pouvoir rotatoire gauche — 147° 74. Le sulfate de quinine en cristaux est efflorescent. Il possède une saveur amère prononcée. Sa réaction est très légèrement alcaline au tournesol.

Le sulfate de quinine se dissout dans 755 parties d'eau à + 15° et dans 30 parties d'eau bouillante ; dans 80 parties d'alcool froid à 80°, dans 60 parties d'alcool absolu, dans 36 parties de glycérine pure ; il est insoluble dans l'éther et le chloroforme.

Réactions. — La solution de sulfate de quinine précipite en blanc par les bases minérales, le tannin. Le sulfate de quinine dissous donne par addition d'iode un précipité couleur brun violacé nommé hépathite.

Additionnée d'eau chlorée, la solution de sulfate de quinine perd sa fluorescence, puis si on ajoute de l'ammoniaque il se développe une belle coloration verte caractéristique. Si à la solution de sulfate de quinine on ajoute de l'eau chlorée, puis du ferrocyanure de potassium, puis de l'ammoniaque, on a une coloration rouge groseille.

Essai (Codex). — On prend 2 grammes de sulfate de quinine que l'on mélange dans un tube à essai bouché avec 20 centimètres cubes d'eau distillée; on agite vivement, de manière à mettre le sel en suspension dans le liquide. On maintient en contact pendant une demi-heure en tenant le tube plongé dans l'eau chaude (60°) et en agitant de temps en temps. On laisse refroidir complètement à l'air, puis dans un bain d'eau à la température de 15° où le tube sera maintenu pendant une demi-heure et agité fréquemment. On verse le contenu du tube sur un petit filtre Berzélius et on fait avec le liquide filtré les deux opérations suivantes :

1° On prélève à l'aide d'une pipette jaugée 5^{cc} de la liqueur limpide, on l'introduit dans un tube et on ajoute 7^{cc} de solution ammoniacale, de 0,960 de densité, en opérant de manière que les liquides se mélangent le moins possible ; on bouche le tube et on le renverse : on doit obtenir un mélange limpide et qui reste tel au bout de 24 heures. S'il y a trouble ou précipité, le sulfate de quinine est impur.

2° On prélève 5^{cc} de cette liqueur limpide, on les verse dans une capsule exactement tarée et on évapore à l'étuve à 100° jusqu'à ce que la capsule tarée ne perde plus de poids; le résidu laissé par les 5^{cc} de liqueur ne devra pas peser plus de 15 milligrammes (Kerner).

PROP. THÉR. — Le sulfate de quinine a les mêmes propriétés qne celles de la quinine et qui sont décrites plus haut. Il a de plus la propriété d'être antiseptique et employé comme tel en injection uréthrale contre la blennorrhagie.

MODES D'EMPLOI.

Cachets fébrifuges (Ewald) :

Sulfate de quinine.........	1 gramme.
Extrait sec de quinquina.....	5 grammes.

F. S. A. 10 cachets de 1 à 10 par jour.

Élixir fébrifuge (Récamier) :

Sulfate de quinine.........	6 grammes.
Acide sulfurique............	XXV gouttes.
Laudanum de Sydenham....	2 grammes.

F. dissoudre. Ajoutez :

D'autre part faites macération de 24 heures de 6 grammes d'aloès et 6 grammes de myrrhe dans 170 grammes de rhum. Mêlez les colateurs et filtrez.

DOSE de 5 à 20 grammes.

Emplâtre de quinine (Voisin. — Bouchardat) :

Sulfate de quinine.........	6 grammes.

Incorporez dans :

Emplâtre de Vigo cum mercurio....	100 grammes.

F. S. A.

Frictions fébrifuges :

Sulfate de quinine..........	2 grammes.
Acide acétique cristallisable.	2 —
Alcool de mélisse..........	60 —

Injection uréthrale de sulfate de quinine :

Sulfate de quinine neutre...	1 à 2 grammes.
Eau....................	100 —

Mêlez.

Potion de sulfate de quinine au café :

Sulfate de quinine..........	Q. V.
Sucre blanc en poudre......	15 grammes.

Triturez.

D'autre part, faites une infusion de :

Café torréfié..............	12 grammes.
Eau bouillante	100 —

Passez, mêlez la trituration de quinine à l'infusé.

Potion fébrifuge alcoolique (Hérard) :

Sulfate de quinine..........	Q. V.
Eau-de-vie de Cognac.......	20 grammes.

F. dissoudre. A prendre en une seule fois.

Prises de sulfate de quinine :

Sulfate de quinine..........	2 grammes.
Sucre	4 —

Mêlez. Faites 6 paquets. Dose : 3 par jour.

Sirop de sulfate de quinine :

Sulfate de quinine................	5 grammes.
Teinture d'écorces d'oranges amères.	25 —
Sirop de quinquina................	470 —

Solution titrée de sulfate de quinine (Formule Hôpitaux militaires) :

Sulfate de quinine..........	5 grammes.
Eau distillée..............	60 —
Acide sulfurique dilué......	Q. S.

13 grammes de solution contiennent 1 gramme de sulfate de quinine.

Lavement de sulfate de quinine:

Sulfate de quinine neutre...	1 gramme.
Eau	100 grammes.

Paquets contre la tuberculose (Scorda):

Sulfate de quinine.........	0gr,20.
Extrait de chanvre indien...	0gr,40.
Sucre....................	3 grammes.

Triturez, divisez en 6 doses, une toutes les heures.

Pilules de sulfate de quinine (Codex):

Sulfate de quinine..........	1 gramme.
Miel......................	Q. S.

Pour 10 pilules.

Pilules fébrifuges:

Sulfate de quinine..........	2 grammes.
Extrait de quinquina.......	1 gramme.
Extrait de gentiane.........	Q. S.

F. S. A. 20 pilules.

Pommade fébrifuge (Labadie-Lagrave):

Sulfate de quinine neutre...	1 gramme.
Axonge	10 grammes.

Potion de quinine:

Sulfate neutre de quinine...	1 gramme.
Sirop de quinquina.........	20 grammes.
Sirop diacode..............	20 —
Eau......................	100 —

A prendre en 2 fois à une heure d'intervalle.

Suppositoires de quinine :

Sulfate de quinine..........	0gr,25 à 1 gramme.
Beurre de cacao............	4 grammes.

F. S. A.

Teinture fébrifuge (Warbourg)

Sulfate de quinine..........	2 grammes.
Aloès......................	4 grammes.
Zédoaire..................	4 —
Angélique..................	0gr,10.
Camphre..................	0gr,10.
Safran.....................	0gr,15.
Alcool.....................	100 grammes.

Mêlez à la macération suivante de vingt-quatre heures, filtrée :

F. S. A. Dose 20 grammes par jour.

Quinine (Sulfovinate de).

Prép. — Il existe deux sulfovinates de quinine, le sel neutre et le sel basique.

Sel neutre. — On l'obtient en précipitant le bisulfate de quinine ou le sulfate de quinine acidulé par de l'acide sulfurique par une dissolution de sulfovinate de baryte. Il est très soluble et facilement déliquescent à l'air humide. Il contient 56,25 p. 100 de quinine.

Sa formule est $C^{40}H^{24}Az^{2}O^{4},2C^{4}H^{5}O\ 2SO^{3}H$. La solution qui résulte du mélange des deux sels est évaporée après filtration dans le vide et on obtient un sel cristallisé blanc.

Sel basique. — On le prépare en mettant du sulfate de quinine broyé avec un peu d'eau dans un mortier pour faire un lait en présence d'une solution chaude de sulfovinate de baryte. On agite, on laisse en contact quelque temps, on décante la liqueur surnageant le sulfate de baryte précipité et on évapore doucement après s'être assuré qu'il ne reste plus de sel de baryte en solution. On termine la cristallisation dans le vide.

On peut encore obtenir ce sel en mélangeant une solution alcoolique de sulfate de quinine avec une solution alcoolique de sulfovinate de soude. On emploie de l'alcool concentré; le sulfate de soude, insoluble dans l'alcool, se dépose. On filtre et on évapore en distillant pour obtenir le sulfovinate de quinine (Limousin).

Sel blanc en aiguilles cristallines. Il contient 72 p. 100 de quinine.

Sa formule est $C^{40}H^{24}Az^{2}O^{4}$, $C^{4}H^{5}O2SO^{3}$.

Prop. thér. — On prépare des solutions contenant 10 centigrammes, 20 centigrammes et même 25. Ces injections ont été employées, la première fois, par le Dr Constantin Paul, qui a constaté leur efficacité et surtout leur supériorité sur les injections de sulfate de quinine.

M. Gaillard, pharmacien militaire et professeur à l'École de médecine d'Alger, a vulgarisé ces injections en Algérie où elles rendent de grands services pour le traitement des fièvres paludéennes, si pernicieuses dans ces contrées.

Ces injections sont, de plus, aseptisées et mises en ampoules, ce qui rend leur conservation très longue et leur transport facile.

Ce sel présente pour la thérapeutique plusieurs avantages, il s'élimine rapidement et entièrement, il contient beaucoup de quinine, il est très soluble dans l'eau. Ces trois considérations doivent, d'après M. le Dr Dujardin-Beaumetz, en rendre l'emploi efficace.

Dose. — En injection hypodermique de 10 à 25 centigrammes.

Quinine (Tannate de).

Descr. — Corps pulvérulent jaune, obtenu par la précipitation d'un sel de quinine dissous par une solution de tannin.

Mode d'emploi.

Pilules de tannate de quinine opiacées :

Tannate de quinine.........	1 gramme.
Opium pulvérisé............	0gr,05.
Extrait de gentiane.........	Q. S.

Pour 10 pilules.

Dose de 2 à 3 par jour.

Quinine (Tartrate de).

Ce sel est plutôt un mélange de bitartrate de potasse et de sulfate de quinine ou une solution de sulfate de quinine dans l'acide tartrique.

Mode d'emploi.

Solution de sulfotartrate de quinine :

Sulfate de quinine..........	4 grammes.
Acide tartrique.............	2 —
Eau distillée...............	60 —

F. S. A. Dose de 5 à 30 grammes par jour.

Quinine (Valérianate de). — $C^{40}H^{24}Az^{2}O^{4}, C^{10}H^{10}O^{4}$.

Descr. — Cristaux rhomboïdaux, aplatis; soluble dans 40 parties d'eau et une d'alcool; contient 50 p. 100 de quinine.

Doses. — De 10 à 30 centigrammes.

Lavement de valérianate de quinine :

Valérianate de quinine......	0gr,50 à 1 gramme.
Infusion de valériane.......	150 grammes.

Pilules de valérianate de quinine :

Valérianate de quinine......	2 grammes.
Extrait de quinquina.......	Q. S.

F. S. A. 20 pilules. De 2 à 10 par jour.

Potion de valérianate de quinine (Néligan) :

Valérianate de quinine......	0gr,40.
Infusion de cascarille.......	125 grammes.

Mêlez. — Une cuillerée à bouche 4 fois par jour.

Ratanhine. — $C^{20}H^{13}AzO^{6}$.

Syn. — Angéline. Acide kramérique.

Prov. — Alcaloïde retiré de la racine de ratanhia par Wilstein.

L'angéline isolée par Perckolt du *Ferreira spectabilis*, vulgo *Angelin*, et identique à la ratanhine.

Descr. — Masses mamelonnées, formées par des amas de fines aiguilles au moment où elle se sépare de la solution. Insoluble dans l'alcool et l'éther, soluble dans l'eau bouillante.

Réactions. — Additionnée de quelques gouttes de nitrate mercureux et chauffée, la solution de ratanhine se colore en rose, s'il y a excès de nitrate mercureux ou a un précipité floconneux rouge brun. — Lorsqu'à une solution de ratanhine on ajoute de l'acide azotique concentré et que l'on chauffe il se produit une coloration rose, puis rouge rubis, puis iolet bleu, finalement la teinte passe au vert et la liqueur devient fluorescente. (Kreskmair.)

Le dérivé sulfoné de la ratanhine donne avec le

perchlorure de fer une belle coloration violette.

PROP. PHYS. — Tonique, fébrifuge.

PROP. THÉRAP. — La ratanhine possède des propriétés toniques et fébrifuges, mais les expériences thérapeutiques qu'on a tentées avec elle ne sont pas assez concluantes pour la faire admettre dans la thérapeutique courante.

Rhœadine. — $C^{42}H^{21}AzO^{12}$. Eq.

PROV. — Alcaloïde retiré du *Papaver Rhœas* par Hesse. La rhœadine existe dans toutes les parties du coquelicot.

DESCR. — Cristaux en petits prismes blancs, quelquefois aiguilles allongées. Insoluble ou peu soluble dans les dissolvants ordinaires; l'éther qui la dissout le mieux demande l'usage de 128 parties pour en dissoudre une partie. Fond à 232°. Soluble dans les acides. Base très faible.

RÉACTIONS. — L'acide sulfurique étendu forme une masse résineuse incolore qui se dissout ensuite en donnant une liqueur rouge pourpre. A la température de l'ébullition la coloration augmente et par refroidissemeut il se forme de petits prismes bruns à reflets verdâtres.

L'acide sulfurique concentré donne une coloration vert olive et l'acide azotique une coloration jaune.

PROP. PHYS. ET THÉRAP. — La rhœadine n'est pas toxique elle jouit de propriétés calmantes et narcotiques.

Ricinine. — $C^{24}H^{32}AzO^{3}$. At.

PROV. — Alcaloïde extrait du *Ricinus communis*, Euphorbiacées, par A. Petit.

DESCR. — Prismes ou tables incolores. Soluble dans l'eau et l'alcool; peu soluble dans l'éther et la benzine. Les sels cristallisent.

Réactions. — Le chlorure de platine précipite la solution de ricinine en beaux octaèdres rouge orange. Le sublimé donne un précipité en petits cristaux brillants. L'acide sulfurique et le bichromate de potasse la colorent en vert.

Prop. phys. — Introduite dans l'économie par voie hypodermique ou par injection intraveineuse, la ricinine détermine la production d'hémorrhagies multiples à la surface de la muqueuse intestinale d'abord au niveau de l'intestin grêle, puis dans l'estomac et le gros intestin. Son action se porte sur le sang qu'elle coagule.

Prop. thér. — Toxique à la dose de 5 milligrammes en injections sous-cutanées et de 6 centigrammes par voie digestive; elle n'a pas été encore usitée en thérapeutique.

Sipérine. — $C^{20}H^{23}AzO^{4}$.

Prov. — Alcaloïde retiré du *Nectandra Rodiœi*, Lauracées, par Maclagan.

Descr. — Poudre rougeâtre. Fond à 180°. Très peu soluble dans l'eau; soluble dans l'alcool et l'éther.

Réactions. — L'acide azotique à chaud la transforme en une poudre jaune. L'acide chromique donne une poudre noire.

Prop. phys. — Fébrifuge.

Prop. thér. — La sipérine possède des propriétés antipériodiques et toniques, mais les expériences physiologiques et thérapeutiques qu'on a tentées avec elle ne sont pas assez concluantes pour la faire admettre dans la thérapeutique courante.

Sophorine.

Prov. — Alcaloïde retiré des graines du *Sophora speciosa*, Légumineuses, par Wood.

Prép. — On extrait la sophorine des graines au moyen de l'alcool.

Descr. — Cristaux blancs grisâtres, à réaction alcaline. Soluble dans l'eau, l'éther et le chloroforme. Le chlorhydrate est un sel cristallisé.

Réaction. — Additionnée de chlorure de fer, elle développe une coloration rouge bleu.

Prop. phys. — La sophorine détermine d'abord la faiblesse des membres inférieurs ; au bout de quelques minutes il y a difficulté de la station, effets marqués sur la respiration, puis viennent des vomissements convulsifs, perte de connaissance, difficulté de respirer, puis cessation de respiration. Le cœur continue à battre pendant une minute et demie. Les pupilles, d'abord normales, se dilatent. A petite dose elle détermine des vomissements, puis de la léthargie.

Prop. thér. — Les propriétés thérapeutiques sont celles d'un hypnotique et d'un accélérateur du cœur. Mais les expériences tentées avec ce produit ne sont pas encore assez nombreuses et concluantes pour l'admettre dans la thérapeutique usuelle.

Spartéine. — $C^{30}H^{26}Az^{2}$.

Prov. — Alcaloïde extrait du *Spartium scoparium*, Légumineuses, par Steenhouse.

Descr. — Huile incolore épaisse. Peu soluble dans l'eau. Bouillant à 287°. Saveur amère, odeur rappelant celle de l'aniline. Réaction fortement alcaline.

Réactions. — L'acide chlorhydrique bouillant l'altère en développant une odeur de souris.

Le brome dégage beaucoup de chaleur en présence de la spartéine et forme une résine brune.

Sel employé. — Sulfate de spartéine : cristallise en gros prismes rhomboïdaux retenant 8 équivalents d'eau. S'effleurit dans l'étuve sèche.

Prop. phys. — La spartéine agit sur les centres nerveux en leur enlevant leur excitabilité réflexe. La spartéine n'a d'action locale ni sur les muscles ni sur les globules sanguins.

L'action prédominante et élective de la spartéine s'exerce sur le fonctionnement du cœur dont elle paraît augmenter à la fois l'intensité et la durée ou mieux la persistance des contractions.

Prop. thér. — La spartéine produit des effets remarquables sur le cœur sans troubler la digestion, et sur le système nerveux. D'après le professeur Germain Sée, elle relève le cœur et le pouls et sous ce rapport ressemble à la digitaline et à la convallamarine, mais ses effets sont plus prompts et plus durables.

Mode d'emploi.

Sirop de spartéine :

Sirop de menthe..........	200 grammes.
Sulfate de spartéine.......	0gr,50

Chaque cuillerée à bouche de sirop contient 5 centigrammes de sulfate de spartéine.

Capsules de sulfate de spartéine :

Sulfate de spartéine........	1 gramme.

F. S. A. 10 capsules molles, contenant chacune 10 centigrammes.

Solution de spartéine (Prof. Germain Sée) :

Sulfate de spartéine........	1 gramme.
Eau distillée...............	100 grammes.

Dose de 2 à 3 cuillerées à café de cette solution en 24 heures.

Strychnine. — $C^{42}H^{22}Az^2O^4$.

Prov. — Alcaloïde extrait de la noix vomique, la fève de Saint-Ignace, le bois de couleuvre et l'upas teinté.

Descr. — Cristaux en octaèdres rectangulaires droits. Presque insoluble dans l'eau, 7000 parties à 19° et dans l'alcool froid, 1200 parties. Soluble dans les essences. Insoluble dans l'éther. Pouvoir rotatoire lévogyre.

Réactions. — Avec l'acide sulfurique et le bichromate de potasse, la strychnine donne une coloration bleu violacé, qui passe au rouge avec excès de réactif. L'acide nitrique colore la strychnine en jaune. Le chlore et le brome donnent un précipité. Le sulfocyanate de potasse et le tannin précipitent les sels de strychnine.

Prop. phys. — En petite quantité elle est tonique et diurétique et un amer des plus énergiques. A dose plus forte elle porte principalement son action sur le centre nerveux spinal dont elle augmente singulièrement la puissance excito-motrice. Il en résulte d'abord un simple accroissement des mouvements réflexes, puis une violence excessive de ces mêmes mouvements ainsi que de la sensibilité. La maladresse, l'incertitude de la marche dépendent de raideurs instantanées. Les muscles du pharynx, du larynx, de l'œsophage, de l'estomac et de la vessie sont aussi bien influencés que les muscles. On constate la permanence de la contraction musculaire toujours prédominante dans les extenseurs du tronc et des membres, comme s'il existait une action spéciale dévolue aux muscles qui renversent le tronc et déploient les extrémités. Ce phénomène est identique au tétanos morbide, et comme dans celui-ci le trismus est un phénomène saillant.

La strychnine produit du côté de la peau des

sensations pénibles, fourmillements et décharges électriques que l'on constate dans l'ataxie locomotrice. Enfin à dose toxique il y a exagération des contractions, tous les muscles de la vie organique sont atteints et même les fibres motrices. On observe la contraction invincible des muscles thoraciques et de ceux du larynx avec impossibilité de respirer, asphyxie, puis la mort.

PROP. THÉR. — A faible dose, la strychnine est un amer et un stimulant de l'estomac.

A plus forte dose cet alcaloïde trouve son application toutes les fois qu'on a besoin de stimuler l'énergie médullaire et par elle la myotilité, comme dans les paralysies d'emblée asthéniques ou devenues telles, ou bien quand il faut obtenir une légère contracture pour se rendre maître de mouvements désordonnés comme ceux de la chorée par exemple; mais elle est tout à fait contre indiquée dans le cas de ramollissement de la moelle. La strychnine rend des services dans l'amaurose, l'amyostasie, le tremblement par intoxication métallique et la paralysie agitante.

On l'a conseillé contre le pyrosis et la gastralgie, la dysenterie, le choléra, le prolapsus du rectum, les coliques des peintres, les vers intestinaux, l'impuissance génitale et les fièvres intermittentes.

MODE D'EMPLOI.

Collyre d'Henderson (Dr Foy) :

Strychnine	0gr,10
Acide acétique dilué	4 grammes.
Eau distillée	32 —

F. S. A.

Granules de strychnine (Codex) :

Chaque granule renferme un milligramme de strychnine.

Dose de 1 à 10 avant chaque repas.

Huile strychninée :

Strychnine..................	0gr,10
Huile d'olive...............	100 grammes.

Mêlez. Pour frictions.

Liniment stimulant (Velpeau) :

Strychnine..................	1 gramme.
Huile d'olive...............	25 grammes.

Faites dissoudre. Dose 12 gouttes en friction, 3 à 4 fois par jour.

Liniment strychniné de Furnari :

Strychnine..................	0gr,30
Huile d'olive...............	120 grammes.
Ammoniaque liquide.......	8 —
Baume de Fioravanti.......	15 —

F. S. A. En friction sur les tempes (Bouchardat).

Pilules antichlorotiques :

Strychnine..................	0gr,05.
Tartrate de fer et de potasse.	10 grammes.
Extrait de quinquina.......	10 —

F. S. A. 100 pilules; 2 à 4 aux repas.

Pilules antigastralgiques :

Strychnine..................	0gr,05
Pepsine extractive..........	5 grammes.
Poudre de cannelle.........	Q. S.

Pour 50 pilules. 1 à 2 aux repas.

Pilules de strychnine (Magendie) :

Strychnine................	0gr,10
Conserve de roses..........	2 grammes.

F. S. A. 25 pilules.

Pommade antiophthalmique (Sichel) :

Strychnine................	0gr,05.
Cérat.....................	1 gramme.
Pommade au garou........	1 —

Mêlez intimement.

Pommade strychninée (Sandras) :

Strychnine................	1 gramme.
Axonge....................	30 grammes.

Mêlez. En frictions.

Teinture de strychnine (Magendie) :

Strychnine................	1 gramme.
Alcool à 90°..............	200 grammes.

XII gouttes contiennent un milligramme de strychnine.

DOSE. — La strychnine s'emploie à l'intérieur à la dose de 5 à 15 milligrammes.

Strychnine (Azotate de). — $C^{42}H^{22}Az^{2}O^{4},HAzO^{6}$.

DESCR. — Aiguilles groupées, solubles dans l'eau, peu solubles dans l'alcool, insolubles dans l'éther. Pouvoir rotatoire = — 29°25'.

MODE D'EMPLOI.

Pommade à l'azotate de strychnine :

Azotate de strychnine......	0gr,20.
Baume nerval..............	8 grammes.

Mêlez. En frictions sur la colonne vertébrale.

Strychnine (Iodure d'iodhydrate de).

$C^{42}H^{22}Az^{2}O^{4}HI.\ I^{2}$.

Syn. — Periodure de strychnine. Triiodure de strychnium.

Prép. — On l'obtient en ajoutant une solution étendue d'iodure de potassium iodé à une solution étendue d'azotate de strychnine; il se forme un précipité cristallin qui, séparé et égoutté, est repris par de l'alcool à 90°, on chauffe et on abandonne la solution pendant plusieurs jours et le sel se sépare alors sous forme de magnifiques cristaux noirs.

Descr. — Prismes bruns rougeâtres et noirâtres à éclat métallique et rappelant les cristaux de permanganate de potasse. Soluble dans l'alcool bouillant. Insoluble dans les autres dissolvants. Une partie se dissout dans 14000 parties d'eau.

Prop. thér. — Moins vénéneux que la strychnine, avec une action plus persistante.

Mode d'emploi.

Pilules d'iodure d'iodhydrate de strychnine :

Iodure d'iodhydrate de strychnine.	0gr,30
Conserve de roses................	Q. S.

F. S. A. 30 pilules. Une par jour (Bouchardat).

Doses. — A l'intérieur 1 centigramme par jour.

Strychnine (Sulfate de).

$C^{42}H^{22}Az^{2}O^{4}H^{2}SO^{2}O^{8} + 7H^{2}O^{2}$.

Descr. — Petits cristaux en prismes rectangulaires solubles dans moins de 10 p. d'eau. Pouvoir rotatoire = — 25°68'.

Il est efflorescent.

Prop. thér. — C'est le sel de strychnine le plus

usité à cause de sa solubilité. Ses indications sont celles que nous avons données à l'article *Strychnine*.

MODE D'EMPLOI.

Gouttes de sulfate de strychnine (Dr Ruault) :

Sulfate de strychnine.......	0gr,05
Eau salicylée à saturation..	10 grammes.

IV gouttes contiennent un milligramme.

Granules de sulfate de strychnine :
Chaque granule renferme un milligramme.
De 1 à 8 par jour.

Injection vésicale :

Sulfate de strychnine........	0gr,025.
Eau	100 grammes.

F. dissoudre.

Pilules de sulfate de strychnine :

Sulfate de strychnine.......	0gr,010.
Conserve de roses..........	Q. S.

Mêlez. F. S. A. 10 pilules de 1 à 8 par jour.

Potion antigastralgique (Dr Guibout) :

Sulfate de strychnine.......	0gr,05.
Sirop de menthe	50 grammes.
Eau distillée de menthe.....	200 —

Une cuillerée avant les repas.

Solution hypodermique de sulfate de strychnine :

Sulfate de strychnine.......	0gr,50.
Eau distillée...............	100 grammes.

F. dissoudre. DOSE de X à XX gouttes.

Sirop de sulfate de strychnine :

Sulfate de strychnine cristallisé.	0gr,05.
Eau distillée..................	4 grammes.
Sirop de sucre préparé à froid..	196 —

Faites dissoudre le sel dans l'eau distillée, ajoutez au sirop, mélangez exactement.

20 grammes représentent 5 milligrammes de sel.

Dose de 10 à 40 grammes en 2 à 8 fois.

Sucupirine.

Syn. — Soukoupirine.

Prov. — Alcaloïde retiré de l'écorce du *Bowdichia major*, Légumineuses, vulgo *Sucupira* par M. H. Petit.

Prop. thér. — La sucupirine a une action stupéfiante mydriatique. On l'emploie dans les affections goutteuses et rhumatismales, comme fébrifuge et dépuratif utile dans toutes les formes de l'arthritisme. Les observations recueillies ne sont pas assez nombreuses pour avoir fait admettre ce produit dans la thérapeutique courante.

Taxine.

Prov. — La taxine a été retirée des semences et des feuilles du *Taxus baccata*, Conifères, par Lucas.

Prép. — On prépare la taxine en traitant la plante par l'éther; la solution éthérée est agitée avec de l'eau acidifiée. Finalement la liqueur acide qui contient l'alcaloïde est précipitée par l'ammoniaque.

Descr. — Cristaux blancs incolores. Soluble dans l'éther, l'alcool, la benzine et le sulfure de carbone, à peine soluble dans l'eau, insoluble dans l'éther de pétrole. Fond à 80°. Donne des sels amorphes.

Prop. phys. — La taxine augmente le nombre des battements du pouls et des mouvements respiratoires; à doses plus élevées elle provoque des convulsions suivies d'asphyxie mortelle. Elle détermine une congestion du cœur, du rein et de l'intestin.

PROP. THÉR. — Cette substance n'a pas encore pris place dans la thérapeutique.

Thalictrine.

PROV. — Alcaloïde retiré du *Thalictrum macrocarpum*, Renonculacées, par Doassans et Mourrut.

DESCR. — Cristaux incolores blancs en aiguilles rayonnantes. Soluble dans l'alcool, l'éther et le chloroforme, insoluble dans l'eau.

PROP. PHYS. — Cette substance agit physiologiquement comme l'aconitine, mais avec une énergie bien moindre.

PROP. THÉR. — La thalictrine pourrait être substituée à l'aconitine dans la thérapeutique courante et avec d'autant plus d'avantages qu'elle est moins toxique et par conséquent plus maniable par les médecins.

DOSE. — Un milligramme.

Thébaïne. — $C^{38}H^{21}AzO^{6}$. Eq.

SYN. — Paramorphine.

PROV. — Alcaloïde de l'opium découvert par Thiboumery.

DESCR. — Elle cristallise en lamelles. Fond à 193°. Insoluble dans l'eau froide et l'éther. Soluble dans l'alcool, le chloroforme, la benzine.

RÉACTION. — L'acide chlorhydrique concentré la transforme en un isomère, la thébénine, dont les sels sont facilement cristallisables (Hesse).

PROP. PHYS. — Claude Bernard a expérimenté la thébaïne et a démontré que, par son action sur l'économie, elle est le plus énergique des alcalis de l'opium, il la place au premier rang comme convulsivant. Magendie ajoute qu'elle est aussi tétanisante que la brucine ou la strychnine. Rabuteau a démontré que la thébaïne n'est pas soporifique, qu'elle n'amène pas la constipation comme les autres alcalis de l'opium, que ses effets convulsivants existent sur les animaux et non sur l'homme. Enfin la thébaïne est le plus analgésique des alcaloïdes de l'opium, son action est plus sûre que celle de la morphine, elle est plus durable et elle est beaucoup moins toxique.

PROP. THÉR. — Les propriétés analgésiques de la thébaïne la désignent particulièrement dans le traitement de tous les états morbides dans lesquels la douleur forme le symptôme essentiel, névralgies, rhumatismes et certaines tumeurs cancéreuses. Les injections hypodermiques de thébaïne calment immédiatement la douleur et la font disparaître quelquefois d'une façon complète dans les névralgies sciatiques, intercostales, des points douloureux à la base de la poitrine dans la phthisie ou la pleurésie. Enfin la thébaïne administrée à l'intérieur réussit très bien dans le carcinome d'estomac.

MODES D'EMPLOI.

Cachets de thébaïne :

Thébaïne..................	0gr,50
Sucre en poudre...........	1 gramme.

Mêlez et divisez en 10 cachets.

Injection hypodermique :

Tartrate neutre de thébaïne.	0gr,10
Eau distillée..............	1 gramme.

Pilules de thébaïne :

Thébaïne..................	0gr,25
Conserve de roses..........	Q. S.

F. S. A. 10 pilules.

Potion de thébaïne :

Chlrohydrate de thébaïne...	0gr,10
Sirop de groseilles.........	30 grammes.
Eau......................	120 —

F. S. A. Une cuillerée à soupe d'heure en heure.

Sirop de thébaïne :

Tartrate neutre de thébaïne.	0gr,10
Eau distillée..............	4 grammes.

Théobromine. — $C^{18}H^{8}Az^{4}O^{4}$.

SYN. — Diméthylxanthine.

PROV. — Alcaloïde retiré du *Theobroma Cacao* par Wokresenski en 1842. Existe dans la noix de kola.

DESCR. — Cristaux blancs en prismes rhombiques terminés par des sommets octaédriques, se sublimant à 290° sans décomposition. Peu soluble dans l'eau bouillante, moins encore dans l'alcool et l'éther. Le chloroforme bouillant en dissout 1 p. 100.

RÉACTIONS. — La théobromine chauffée avec un mélange d'acide sulfurique et d'acide plombique dégage de l'acide carbonique ; le dégagement commencé continue même si on ne chauffe plus. Le liquide filtré est incolore, légèrement acide, colore la peau en rouge, la magnésie la colore en bleu indigo, un excès de magnésie fait disparaître cette teinte bleue qu'une goutte d'acide sulfurique fait revenir.

Sous l'influence du chlore ou de l'eau chlorée la théobromine donne une liqueur jaunâtre bleuissant par les sels de fer au maximum en présence d'ammoniaque et colorant la peau en rouge.

La solution ammoniacale de théobromine libre donne, après une longue ébullition avec l'azotate d'argent, un précipité granuleux et cristallin d'une combinaison de théobromine et d'argent qualifiée théobromine argentique $C^{14}H^7AgAz^4O^4 + H^2O^2$.

Prop. phys. — La théobromine est un médicament d'épargne. Si on la donne isolément à la dose de 10 centigrammes, la théobromine produit d'abord un léger assoupissement, suivi d'une stimulation circulatoire favorable à l'exercice des fonctions animales et particulièrement au travail intellectuel; malgré le surmenage physique le patient n'éprouve aucune fatigue; les sensations de la faim et de la soif sont abolies. Les doses plus fortes de 30 à 50 centigrammes causent une violente excitation des systèmes nerveux et vasculaire. La théobromine s'altère dans la circulation du sang; elle augmente la sécrétion de l'urée et de la bile, elle procure une insomnie complète, recherchée par ceux pour qui le travail intellectuel doit se prolonger au delà des limites ordinaires.

Prop. thér. — La théobromine est un excellent médicament cardiaque et un puissant diurétique, en même temps qu'elle est un tonique et un stimulant qui permettent de combattre les phénomènes de dépression générale dans la fièvre typhoïde par exemple. On la prescrit dans les fièvres intermittentes, l'épilepsie, les vertiges, la diarrhée, les névralgies, l'hystérie, l'hydropisie et les affections de la valvule mitrale.

Doses. — On emploie la théobromine à la dose de 10 à 60 centigrammes.

Théobromine (Salicylate de) et de soude.

Syn. — Diurétine.

Descr. — Poudre blanche, soluble dans l'eau.

Prop. thér. — Ce corps possède une action diurétique très marquée en agissant directement sur le rein, sans produire d'agitation et d'insomnie comme la caféine, ce qui est nuisible à l'action du rein. Il convient mieux que la théobromine, qui est presque insoluble, dont l'absorption est trop difficile et provoque facilement des vomissements.

Dose. — 1 gramme par dose en paquets ou cachets; la dose maximum en 24 heures est de 6 grammes.

Trianospermine.

Prov. — Alcaloïde retiré des racines du *Trianospermum filicifolia*, vulgo *Tayuya*, Cucurbitacées, par M. Yvon.

Descr. — Aiguilles incolores, inodores, de saveur âcre, à réaction alcaline, se volatilisant simplement par la chaleur. Solubles dans l'eau, l'alcool et l'éther.

Prop. phys. — Purgatif drastique, altérant, cholagogue.

Prop. thér. — On utilise la trianospermine dans les cas graves d'hydropisie, de paralysie, d'affections cutanées incurables, les accidents tertiaires de la syphilis et l'épilepsie.

Dose. — De 5 milligrammes à 1 centigramme.

Trigonelline. — $C^7H^7AzO^2 + H^2O$.

Prov. — Alcaloïde extrait des semences du *Trigonella Fœnum græcum*, Légumineuses, par M. Jahns.

Descr. — Prismes incolores de saveur faiblement saline, hygroscopiques, solubles dans l'eau, difficilement solubles dans l'alcool froid, très solubles dans l'alcool chaud, insolubles dans l'éther, le chloroforme et la benzine. Il forme avec les acides des sels cristallisables.

Prop. thér. — La trigonelline est considérée comme ayant des propriétés toniques, carminatives et même aphrodisiaques.

Tropacocaïne.

Syn. — Tropococaïne. Benzopseudotropéine.

Prov. — Alcaloïde naturel extrait de l'*Erythroxylum japonicum*, Érythroxylées, et qui est semblable à la benzopseudotropéine obtenue par synthèse par Ladenburg.

Prop. thér. — Chadbourne et Liebreich ont montré que cette base est un puissant analgésique local, qui, sous certains rapports, paraît être supérieur à la cocaïne. En effet, la tropacocaïne serait beaucoup moins toxique que la cocaïne, et l'anesthésie que produit sur l'œil et sur la peau la première de ces deux substances serait beaucoup plus prompte à apparaître que lorsqu'on se sert de la seconde. En outre, les solutions de tropacocaïne étant légèrement antiseptiques conserveraient leur efficacité pendant deux à trois mois, tandis que les solutions de cocaïne commencent, comme on sait, à se décomposer et à perdre leurs propriétés analgésiques au bout de trois à quatre jours.

L'application de tropacocaïne sur l'œil y provoque tout au début une légère hyperhémie qui disparaît rapidement. La mydriase est moins prononcée qu'avec la cocaïne et souvent ne survient même pas.

D'après les essais cliniques de MM. les docteurs K. Schweigger, professeur d'ophthalmologie à la Faculté de médecine de Berlin, et Silex, son assistant, le chlorhydrate de tropacocaïne, en tant qu'analgésique de l'œil, ne serait nullement inférieur à la cocaïne et lui serait même supérieur dans certains cas, à cause de son action plus rapide qui permettrait de diminuer la durée de certaines opérations ophthalmologiques. L'analgésie tropacocaïnique serait moins prolongée que celle produite par la cocaïne. Mais il serait facile de remédier à cet inconvénient en instillant de temps en temps une nouvelle goutte du médicament dans l'œil.

Modes d'emploi. — Doses. — Une ou deux gouttes

d'une solution à 3 p. 100 de chlorhydrate de tropacocaïne instillées dans l'œil suffiraient pour l'anesthésie opératoire. On peut diminuer l'hyperhémie transitoire et le picotement provoqués au début par la tropacocaïne en incorporant cette substance à la solution dite physiologique de chlorure de sodium (à 0,6 p. 100).

Tulipiférine.

Prov. — Alcaloïde extrait du *Liriodendron Tulipifera*, par Bartholow.

Prép. — On l'obtient de la manière suivante : aux liquides aqueux des lavages de la résine, on ajoute de l'acide chlorhydrique dilué, on évapore à petit volume et on ajoute alors de l'ammoniaque de façon à rendre franchement alcalin, et on agite avec de l'éther, l'éther est décanté, on retraite de nouveau le liquide par l'éther, on évapore les liqueurs éthérées, après avoir ajouté un peu d'eau acidulée par de l'acide chlorhydrique, après évaporation de l'éther, le liquide résidu est filtré et contient du chlorhydrate de tulipiférine. On purifie l'alcaloïde par les méthodes usuelles.

Descr. — Sans odeur, incolore, insipide, soluble dans l'eau et les acides dilués, il précipite de ses sels par addition d'ammoniaque et soluble dans un excès de réactif.

Réactions. — Un cristal de tulipiférine donne les colorations suivantes :

Acide sulfurique, jaune puis rouge.

Réactif de Frohde, vert clair.

Bichromate de potasse et acide sulfurique, vert puis brun.

Acide nitrique et chlorure d'étain, jaune serin.

Acide sulfurique et acide nitrique, rouge vif.

Prop. phys. — Elle produit un effet appréciable à

la dose de 5 centigrammes. Prise par voie buccale à la dose de 9 milligrammes, elle détermine la paresse, le tremblement, anesthésie de la peau, stupeur, paralysie, suspension de motilité et de sensibilité. A la dose de 2 centigrammes en injections sous-cutanées en trente minutes, elle détermine les convulsions épileptiformes, rigidité suivie de collapsus. Les battements du cœur augmentent dans la période de collapsus et diminuent dans la période convulsivante. Les nerfs périphériques, d'abord surexcités, s'émoussent et finalement sont paralysés. A dose plus élevée l'alcaloïde agit directement sur le nerf pneumogastrique, il y a cessation des battements du cœur, coma, puis la mort.

Prop. thér. — La tulipiférine a été employée comme succédané du sulfate de quinine en Amérique, durant la guerre de Sécession, dans les fièvres paludéennes et intermittentes. La tulipiférine est de plus anthelmintique et vermifuge.

Mode d'emploi. Doses. — S'emploie sous les mêmes formes et aux mêmes doses que le sulfate de quinine.

Tulipine.

Prov. — Alcaloïde extrait du *Tulipa vulgaris*, Liliacées, par S. Gérard.

Descr. — Corps blanc, amorphe, soluble dans l'alcool et l'éther, insoluble dans l'eau.

Prop. phys. — Augmente considérablement la salivation, agit sur le cœur comme la vératrine, et sur la moelle épinière comme la colchicine et la scillitine.

Prop. thér. — Sialagogue et médicament cardiaque.

Modes d'emploi. — Granules. Pilules à la dose de 1 à 3 milligrammes par jour.

Ulexine. — $C^{11}H^{14}Az^2O$.

Syn. — Laburnine.

Prov. — Alcaloïde découvert par Gerrard dans l'*Ulex europæus*, Légumineuses, et retrouvé dans le *Cytisus Laburnum* par Parthеïl.

Descr. — Cristaux incolores. Soluble dans l'eau, l'alcool et le chloroforme, assez soluble dans la benzine et l'alcool amylique, insoluble dans l'éther et l'éther de pétrole. Fond à 153°. Pouvoir rotatoire = — 119°59.

Réactions. — Lorsque l'on ajoute du thymol à une solution d'ulexine dans l'acide sulfurique concentré, il se forme une coloration jaune qui passe bientôt au rouge pourpre.

Le perchlorure de fer donne une coloration rouge foncé. La solution aqueuse donne un précipité vert avec le sulfate de fer, noir avec le nitrate mercureux et blanc avec le sublimé.

Prop. phys. — Alcaloïde toxique et convulsivant. Il jouit de propriétés diurétiques. Il produit des spasmes et des mouvements nerveux. Mise sur la langue, l'ulexine produit une sensation d'engourdissement plus faible que celle de la cocaïne.

Prop. thér. — On l'a employé contre la paralysie et comme antidote de la strychnine. C'est surtout comme diurétique que l'ulexine est employée à cause de son action excitante vaso-motrice sur le rein. Quoique agissant très fortement sur le cœur elle ne détermine pas la mort, si on a soin d'établir la respiration artificielle.

Doses. — Granules de 1/10 à 2/10 de milligramme.

Vératrine. — $C^{64}H^{52}Az^2O^{16}$.

Syn. — Cévadine.

Prov. — Cet alcaloïde a été découvert par Meisner dans la cévadille (*Veratrum Sabadilla*).

Descr. — Cristaux en prismes rhomboïdaux, efflorescents, presque insolubles dans l'eau, peu solubles dans l'éther, solubles dans l'alcool et le chloroforme. Fond à 115°.

Réactions. — L'acide nitrique concentré la dissout en se colorant d'une teinte violette. L'acide sulfurique la colore en jaune puis en rouge.

Prop. phys. — La vératrine est, après l'aconitine, l'alcaloïde qui exerce topiquement l'action la plus irritante. Aspirée en petite proportion par les narines elle produit l'éternuement, le coryza et de la salivation. Injectée dans l'estomac elle produit de la chaleur et des picotements, puis des vomissements et coliques; en même temps elle produit une salivation exagérée de la diurèse et de la diaphorèse. Injectée sous la peau elle produit dans certaines parties du corps la sensation de chaleur et dans d'autres du froid. Elle ralentit le pouls qui descend quelquefois à 36 pulsations par minute. A doses toxiques elle amène des étourdissements, de l'oppression, de l'anxiété, vomissements, prostration des forces, raideur musculaire, convulsions, tétanos, asphyxie et mort, le cœur s'arrête en systole.

La vératrine agit sur le système nerveux et principalement sur la moelle en la paralysant.

Prop. thér. — La vératrine a été usitée comme émétique, diurétique, sternutatoire, mais son action n'est pas sans danger. On l'emploie surtout dans certaines affections nerveuses, rhumatismales et goutteuses. Elle est préconisée contre l'amaurose, la cataracte, l'iritis en frictions sur les tempes. Elle a été recommandée contre la surdité nerveuse, les névroses hystériques, l'hypochondrie et la péripneumonie. Mais c'est principalement dans les affections arthritiques que la vératrine jouit d'une faveur méritée.

MODE D'EMPLOI.

Oléate de vératrine :

Vératrine	2 à 10 grammes.
Acide oléique	100 grammes.

Pour frictions.

Pilules de vératrine (Magendie) :

Vératrine	0gr,10
Poudre de guimauve	4 grammes.
Extrait de réglisse	Q. S.

F. S. A. 25 pilules ; de 1 à 3 par jour.

Pommade de vératrine :

Vératrine	0gr,05
Axonge	10 grammes.

Mêlez.

Potion à la vératrine (Aran) :

Vératrine	0gr,05
Alcool à 85°	Q. S.
Eau de fleurs d'oranger	30 grammes.
Eau distillée	70 —
Sirop simple	30 —

Faires dissoudre. Mêlez. Une cuillerée à bouche toutes les deux heures.

Teinture de vératrine (Magendie) :

Vératrine	1 gramme.
Alcool à 85°	100 grammes.

Faire dissoudre un gramme de teinture représente un centigramme de vératrine.

Doses. — A l'intérieur 5 milligrammes.

Xanthoxyline.

Prov. — Alcaloïde extrait du *Xanthoxylum fraxineum*, Rutacées, par MM. Heckel et Schlagdenhaufen.

Descr. — Cristaux jaunâtres de saveur amère. Soluble dans l'eau et l'alcool, insoluble dans la benzine et l'éther.

Réactions. — La xanthoxyline donne avec l'acide sulfurique une coloration rouge et avec l'acide nitrique une coloration jaune.

Prop. phys. — Fébrifuge, durétique, diaphorétique et stimulant.

Prop. thér. — La xanthoxyline a été employée avec succès contre les fièvres rebelles des colonies, à la dose du sulfate de quinine.

CHAPITRE III

ALCALOÏDES NATURELS DONT L'HISTOIRE ET LA VALEUR THÉRAPEUTIQUE SONT PEU CONNUES

Anthémine.

Prov. — Alcaloïde extrait de la *Matricaria Chamomilla*, Composées, par Pattone.

Descr. — Cristaux incolores, sans saveur, insoluble dans l'éther et l'alcool.

Apirine.

Alcaloïde extrait de la noix du *Cocos nucifera*, Palmiers, par Bixio.

Arnicine.

Alcaloïde extrait des racines de l'*Arnica montana*, Composées, par Bastich.

Baccharine.

Alcaloïde extrait du *Baccharis cordifolia*, Composées, par M. Pedro N. Arata.

Caïlcédrine.

Prov. — Alcaloïde extrait de l'écorce du *Kaya senegalensis* vulgo *Caïlcedra*, Méliacées, par M. Eugène Caventou.

Prop. thér. — Fébrifuge et tonique comme la quinine.

Calcatripine.

Alcaloïde retiré du *Delphinium Consolida*, Renonculacées, par Manny.

Carapine.

Alcaloïde extrait du *Carapa guianensis*, Méliacées, par Petroz et Robinet.

Carobine.

Alcaloïde extrait de la tige du *Jacaranda procera*, vulgo *Caroba*, Bignoniacés.

Castine.

Alcaloïde retiré du *Vitex Agnus Castus*, Verbénacées, par Landerer.

Cayaponine.

Prov. — Alcaloïde extrait du *Cayaponia globulosa*, Cucurbitacées.

Prop. thér. — Purgatif puissant.

Cédrine.

Alcaloïde isolé des graines de *Simaba Cedron*, Rutacées, par Tanret.

Chénopodine. — $C^5H^{13}AzO^4$.

Alcaloïde retiré de la plante entière *Chenopodium vulgare*, Chénopodées, par Reinsch.

Cimicifugine.

Prov. — Alcaloïde extrait de l'écorce de la racine *Cimicifuga racemosa*, Renonculacées.

Érythrine.

Alcaloïde extrait de l'écorce de l'*Erythrina Corallodendron*, Légumineuses, par Bochefontaine et Rey.

Eupatorine.

Alcaloïde extrait de l'*Eupatorium vulgare*, Rosacées, par Rhigini.

Fagine.

Alcaloïde extrait de l'écorce du *Fagus silvatica*, Castanéacées, par Zanon.

Géranine.

PROV. — Alcaloïde retiré des racines du *Geranium maculatum*, Géraniacées.

PROP. THÉR. — Usité comme hémostatique.

DOSE. — De 5 à 25 centigrammes en pilules.

Glaucine.

Alcaloïde extrait des racines du *Glaucium luteum*, Papavéracées, par Probst.

Gleditschine.

Alcaloïde extrait des gousses du *Gleditschia triacanthos*, Légumineuses, par Lautenbach.

Guaranine.

Alcaloïde retiré du *Paullinia sorbilis*, Sapindacées, par Th. Martins.

Icajanine.

Alcaloïde extrait de l'*Icaja m'boundou*, Loganiacées, par Lécholier.

Inéine.

PROV. — Alcaloïde retiré des aigrettes qui surmontent les semences du *Strophantus hispidus*, Apocynacées, par Hardy et Gallois.

DESCR. — Cristallise en aiguilles blanches. Soluble dans l'eau et l'alcool. Réaction neutre.

Prop. thér. — Médicament toxique employé contre les affections du cœur.

Isopyrine.

Prov. — Alcaloïde extrait de l'écorce de l'*Isopyrum thalictroïdes*, Renonculacées, par Hartsen.

Descr. — Poudre amorphe, blanche, jaune. Soluble dans l'éther. Amère au goût. Le chlorhydrate est amorphe.

Lappine.

Alcaloide extrait de l'*Arctium Lappa*, Composées, par Trimple.

Lexoptérygine. — $C^{15}H^{17}AzO$.

Alcaloïde retiré du *Lexopterigium Lorentzii*, Apocynacées, vulgo *Quebracho colorado*, par Hesse.

Lycine.

Alcaloïde extrait du *Lycium barbarum*, Solanacées, par Nuseman et Marmé.

Margosine.

Syn. — Azédarine.

Prov. — Alcaloïde extrait des tiges du *Melia Azedarach* vulg. *Margosa*, Méliacées, par Cernisch.

Prop. thér. — Antipériodique et stimulant, préconisé contre les fièvres paludéennes.

Ménispermine.

Alcaloïde extrait des fruits de l'*Anarmita Cocculus*, Ménispermacées, par Pelletier.

Mercurialine.

Alcaloïde isolé de la plante entière *Mercurialis annua*, Euphorbiacées, par Reichardt.

Myoctonine. — $C^{27}H^{30}Az^2O^3$.
Alcaloïde retiré de l'*Aconitum lycoctonum*, Renonculacés, par Draggendorf.

Nasitorine.
Alcaloïde isolé du *Lepidium sativum*, vulgo *Nasitor*, Crucifères, par M. B. Dupuy.

Palikourine.
Alcaloïde extrait de l'écorce du *Palicoureca Marcgravii*, Rubiacées, par Peckolt.

Pastinacine.
Alcaloïde retiré des racines du *Sium latifolium* Ombellifères, par Roger.

Phytolaccacine.
Alcaloïde extrait du *Phytolocca decandra*, Phytolaccacées, par Preston.

Piturine.
Alcaloïde extrait des bulbes du *Duboisia Hopwodii*, Solanacées, par A. Petit.

Sabadilline. — $C^{41}H^{66}Az^2O^{13}$.
Alcaloïde retiré du *Veratrum Sabadilla*, Colchicacées, par Delondre.

Sapotine.
Alcaloïde extrait de l'*Achras Sapota*, Sapotacées, par M. Bernou.

Sarracénine.
Alcaloïde extrait du *Sarracenia purpuræa*, Nymphæacées, par Stanislas Martin.

Scillaïne.
Alcaloïde extrait des bulbes de l'*Urginea Scilla*, Liliacées, par Jamestedt.

Sinapine.
Alcaloïde extrait du *Sinapis alba*, Crucifères, par Babo.

Spigéline.
Alcaloïde retiré des tiges du *Spigelia Marilandica*, Loganiacées, par Dudley.

Théophylléine.
Alcaloïde extrait des feuilles de *Thea sinensis*, Tœrnstrémiacées, par Rossel.

Ustilagine.
Alcaloïde retiré de l'*Ustilago maydis*, Champignons, par Rademaker.

Vératralbine.
Alcaloïde extrait de la plante entière *Veratrum album*, Colchicacées, par Mitchell.

Vicine. — $C^{56}H^{51}Az^{2}O^{2}$.
Alcaloïde extrait du *Vicia sativa*, Légumineuses, par Rithausen.

CHAPITRE IV

ALCALOÏDES ARTIFICIELS

Antipyrine. — $C^{20}H^{10}Az^{2}O^{2}$.

Syn. — Diméthyloxyquinizine. Diméthylphénylpyrazolone. Analgésine.

Alcaloïde artificiel découvert par Knorr.

Prép. — On fait d'abord agir la phénylhydrazine sur l'éther acétylacétique, il se forme de l'oxyméthylquinizine. On fait agir sur ce corps un mélange d'iodure de méthyle et d'alcool méthylique; on obtient la diméthyloxyquinizine. Le produit de cette réaction est décoloré par l'acide sulfureux, puis précipité par la soude et purifié par des cristallisations dans l'éther.

Desc. — Corps solide, blanc, en lamelles cristallines, brillantes, sans odeur, fusible à 112°. Très soluble dans l'eau, l'alcool, la benzine, le chloroforme, la glycérine; peu soluble dans l'éther.

Réactions. — Elle donne avec le perchlorure de fer une coloration rouge sang (caractéristique); avec l'acide nitreux une coloration bleu vert.

Prop. phys. — A la dose de 4 à 5 grammes, prise d'heure en heure par fractions, elle abaisse sensiblement la température durant 5 à 10 heures et au delà. Elle est peu toxique, il faut une dose de 1gr,50 par kilo d'animal pour déterminer des phénomènes d'intoxication.

Prise à hautes doses, elle peut déterminer de l'exanthème scarlatiniforme.

D'après M. A. Robin, elle diminue l'azote total des urines et l'acide sulfurique de l'économie, elle augmente l'acide phosphorique dans les urines. C'est par l'influence du système nerveux, qui est impressionné, que l'antipyrine agit en diminuant la désintégration organique. Elle a sur la circulation une action marquée de ralentissement et le pouls devient moins fréquent.

PROP. THÉR. — Expérimentée par Filehne (d'Erlangen) et Ernst (de Zurich), et en France par les Drs Huchard, Dujardin-Beaumetz, Féréol, Cadet de Gassicourt et Germain Sée, elle possède à un haut degré des propriétés antipyrétiques et analgésiques.

On l'a recommandée dans beaucoup d'affections. Elle modère l'activité nerveuse et calme la douleur. On peut donc l'employer dans les cas où il faut modérer l'excitabilité nerveuse (migraine, névralgie, diabète, chorée, douleurs), et où il faut diminuer les oxydations organiques et la dénutrition (phthisie).

D'après les expériences de MM. Hénocque et Moncorvo, elle aurait une action hémostatique supérieure au perchlorure de fer et à l'ergotine, et son action se produirait avec une rapidité surprenante; ils citent un certain nombre de cas de blessures, d'épistaxis, d'ulcères, dans lesquels l'antipyrine en solution à 10 p. 100, ou en substance, en saupoudrant la surface, a donné les meilleurs résultats.

Elle a été employée avec succès contre la diathèse urique et surtout contre les rhumatismes.

Elle possède la propriété de rendre plus solubles les préparations de caféine et de quinine.

MODE D'EMPLOI. — Peut être administrée en solution et on peut masquer son goût par de l'écorce d'oranges amères et surtout en cachets, de 50 centigrammes et 1 gramme.

Doses. — Comme antipyrétique, de 50 centigrammes à 1 gramme à la fois, dose répétée toutes les quatre heures jusqu'à concurrence de 3 grammes dans la journée. — Comme styptique, en suppositoire, 1 gramme dans Q. S. de beurre de cacao. — Comme analgésique, de 2 à 5 grammes par doses de 1 gramme. — En injection hypodermique, de $0^{gr},25$ à $0^{gr},50$ pour 1 gramme de liquide.

Incomp. — Salicylate de soude, naphtol, chloral, qui forment un mélange liquide.

Apocodéine. — $C^{18}H^{19}AzHCl$.

Prov. — Alcaloïde artificiel obtenu de la codéine par Laurent et Gerhardt.

Prép. — On chauffe à 170° du chlorhydrate de codéine avec une solution concentrée de chlorure de zinc. Par le refroidissement il se sépare une masse goudronneuse rougeâtre, qui est du chlorhydrate d'apocodéine presque pur. On le dissout dans l'eau, on le précipite par un excès d'acide chlorhydrique, puis on le décompose par le carbonate de soude. On reprend par l'éther qui laisse l'apocodéine par évaporation.

Remarque. — Si on chauffait le chlorhydrate de codéine avec l'acide chlorhydrique on obtiendrait l'apomorphine.

Descr. — Masse gommeuse rougeâtre soluble dans l'alcool, l'éther et le chloroforme, et presque insoluble dans l'eau.

Sel employé. — Le chlorhydrate d'apocodéine, qui est amorphe, incristallisable, soluble dans l'eau et précipitable par excès d'acide.

Prop. phys. — Émétique d'après MM. Mathiessen et Burnside; inactif d'après M. Guinard. L'apocodéine ne serait émétique qu'à cause de l'apomorphine qu'elle contiendrait.

Prop. thér. — Expectorant employé contre la bronchite, la bronchorrhée, l'asthme.

Mode d'emploi. — Doses.

Pilules d'apocodéine :

Apocodéine....................	
Gomme arabique pulvérisée.......	Q. S.

F. S. A. Des pilules de 0gr,18 ou 0gr,24 à la dose de une par jour.

Injection hypodermique :

Chlorhydrate d'apocodéine...	0gr,30
Eau distillée..............	20 grammes.

Un demi-centimètre cube à un centimètre cube soit de 7 milligr. et demi à 15 milligrammes de sel.

Potion d'apocodéine :

Chlorhydrate d'apocodéine..	0gr,01 à 0gr,04
Eau distillée...............	120 grammes.
Sirop simple...............	30 —

Une cuillerée à bouche toutes les deux heures.

Apomorphine.

Alcaloïde obtenu avec la morphine. C'est de la morphine moins une molécule d'eau.

Prép. — On chauffe en tubes scellés à 110° pendant vingt-quatre heures du chlorhydrate de morphine avec de l'acide chlorhydrique. On précipite par de la potasse diluée. On reprend par l'alcool et on ajoute la quantité théorique d'acide chlorhydrique, et on fait cristalliser.

Descr. — Soluble dans 40 parties d'eau et d'alcool, insoluble dans l'éther et le chloroforme. Se colorant en vert à l'air et à la lumière.

SEL EMPLOYÉ. — Le chlorhydrate d'apomorphine.

PROP. PHYS. — L'apomorphine possède une action émétique très puissante. Le Dr Gley, qui l'a expérimentée, conseille l'injection hypodermique à la dose de 1 centigramme pour un adulte et par voie buccale 2 centigrammes.

PROP. THÉR. — Émétique non irritant, rapide, auquel on doit avoir recours dans le cas où le malade ne peut par déglutition absorber de l'émétique ou de l'ipécacuanha.

Utilisé à petites doses comme expectorant dans la bronchite et l'asthme, la broncho-pneumonie, l'amygdalite. On l'a employé comme préservatif des attaques d'épilepsie en injections hypodermiques.

MODE D'EMPLOI. — DOSES.

Potion d'apomorphine (Dr C. Paul) :

Chlorhydrate d'apomorphine.	0gr,10
Potion gommeuse.........	150 grammes.

Une cuillerée à bouche toutes les deux heures.

Injection hypodermique de chlorhydrate d'apomorphine (Dr C. Paul) :

Chlorhydrate d'apomorphine.	0gr,01
Eau distillée..............	1 gramme.

Pour la femme :

Chlorhydrate d'apomorphine...	5 milligr.

Pastilles de chlorhydrate d'apomorphine :

Chlorhydrate d'apomorphine.	0gr,10
Chocolat..................	10 grammes.

F. S. A. 10 pastilles (Wescott).

Sirop de chlorhydrate d'apomorphine (Pharm. angl.) :

Chlorhydrate d'apomorphine.	0gr,25	
Acide chlorhydrique dilué..	6	grammes.
Alcool à 90°	30	—
Eau distillée..............	30	—
Sirop simple..............	550	—

Dose de ce sirop : 3 grammes.

La dose d'apomorphine est de 5 milligrammes à 1 centigramme.

Éthoxycaféine. — $C^8H^{14}Az^4O^3$.

Prép. — On obtient l'éthoxycaféine en traitant la caféine bromée par la potasse en solution alcoolique.

Descr. — Aiguilles fines incolores, fusibles à 140°. Réaction très alcaline. Insoluble dans l'eau, un peu soluble dans l'alcool et l'éther. Se combine aux alcalis pour former des sels précipitables par les alcalins.

Prop. phys. — Toxique à la dose de 1 gramme; administré à la dose de 50 centigrammes, elle occasionne des vertiges, des nausées et de l'ivresse, des vomissements avec sensation de brûlure.

Prop. thér. — L'éthoxycaféine possède les propriétés thérapeutiques de la caféine et est plus active; elle possède une action sédative sur le système cérébro-spinal. On l'emploie contre les migraines et les névralgies faciales.

Mode d'emploi.

Solution d'éthoxycaféine (Dr Dujardin-Beaumetz) :

Éthoxycaféine..............	0gr,25	
Cocaïne....................	0gr,10	
Benzoate de soude....	2	grammes.
Eau........................	10	—

F. S. A. pour une dose.

Cachets médicamenteux (Dr Dujardin-Beaumetz) :

Éthoxycaféine............. 2gr,50.

Divisez en 20 cachets. Dose, un cachet.

Homatropine. — $C^{16}H^{21}AzO^{3}$.At.

Syn. — Oxytoluyltropéine.

Prép. — On la prépare en chauffant à 100° molécules égales de tropine et d'acide oxytoluique en présence de l'acide chlorhydrique. On sépare l'homatropine formée en la précipitant par le carbonate de potasse et en reprenant par l'éther ou le cloroforme.

Descr. — Cristaux en prismes incolores, fusibles à 96°, peu solubles dans l'eau et cependant très hygrométriques, ce qui rend difficile l'obtention des cristaux.

Réactions. — L'homatropine précipite par le chlorure de platine, le chlorure d'or et l'acide picrique et forme avec ces réactifs des sels cristallisés, solubles dans les huiles et la vaseline liquide.

Prop. phys. — L'homatropine est bien moins toxique que l'atropine ; mais elle dilate très bien la pupille.

Les propriétés physiologiques générales et mydriatiques de l'homatropine ressemblent, mais avec moins d'énergie, à celles de l'atropine, excepté qu'elle ralentit les battements du cœur et régularise la force et le rhythme du cœur. Contre les sueurs nocturnes, l'homatropine est inférieure à l'atropine. Elle dilate rapidement la pupille et paralyse les muscles ciliaires et agit absolument comme l'atropine. L'effet de l'homatropine disparaît complètement en 30 ou 34 heures, tandis que l'effet de l'atropine persiste plusieurs jours et le patient est dans l'impossibilité de lire et d'écrire (Martindale).

PROP. THÉR. — L'homatropine employée dissoute dans l'huile se recommande de préférence à l'atropine dans les défauts de réfraction de l'œil. Les inconvénients de la mydriase disparaissent promptement avec une légère solution d'ésérine. L'homatropine en solution dans l'huile ou la vaseline liquide instillée dans l'œil a l'avantage de ne pas provoquer les larmes et ne durcit ni ne voile la cornée. On emploie de préférence les sels d'homatropine, le bromhydrate, le chlorhydrate et le salicylate d'homatropine. Ces sels cristallisent en petits cristaux blancs granuleux. Les sels sont solubles dans l'eau, tandis que l'hématropine ne l'est pas. Une solution à 1 p. 100 constitue un mydriatique local, prompt et sûr; la pupille revient rapidement à l'état normal et il n'est pas vénéneux comme l'atropine.

MODE D'EMPLOI.

Gouttes d'homatropine (Martindale) :

Bromhydrate d'homatropine.	0gr,20
Eau distillée...............	30 grammes.

Injection hypodermique d'homatropine (Martindale) :

Bromhydrate d'homatropine.	1 gramme.
Eau distillée...............	120 grammes.

DOSE de 1 à 6 gouttes.

Huile d'homatropine (Martindale) :

Homatropine..............	2 grammes.
Huile de ricin............	100 —

Dissolvez à chaud.

Huile d'homatropine et de cocaïne (Martindale):

Homatropine..............	2 grammes.
Cocaïne..................	2 —
Huile de ricin............	100 —

En installations.

Disques ophthalmiques :

On prépare en Angleterre des petits disques ophthalmiques en gélatine contenant chacun 1/10 de milligramme d'homatropine ou d'un sel d'homatropine ou contenant en plus 1 milligramme de cocaïne.

Dose. — De 1/2 milligr. à 2 milligr. 1/2.

Hydrastinine. — $C^{11}H^{11}AzO^{2}$.

Alcaloïde artificiel obtenu par Will de l'hydrastine.

Prép. — On obtient ce corps en chauffant légèrement l'hydrastine avec de l'acide azotique dilué et en précipitant le produit par un alcali.

Descr. — Alcaloïde sirupeux devenant corné par la dessiccation.

Réaction. — Sous l'influence de l'oxydation avec la potasse l'hydrastinine donne de la narcotine ou de l'acide nicotinique suivant la durée de la réaction.

Prop. phys. — L'hydrastinine est préférable à l'hydrastine, à cause de son action excitante sur le muscle cardiaque et de la contraction persistante qu'elle produit sur les parois vasculaires; elle n'est pas irritante.

Prop. thér. — Employée contre la métrorrhagie, la métrite, la pyosalpingite, le myome et l'endométrite.

Mode d'emploi. — Doses.

Injection sous-cutanée d'hydrastinine:

Chlorhydrate d'hydrastinine.	1 gramme.
Eau distillée	10 grammes.

D'une demi à une seringue Pravaz.

Isococaïne. — $C^{36}H^{23}AzO^{8}$.Eq.

Syn. — Benzoate d'isoéthylecgonine.

Prép. — On fond l'ecgonine avec de la potasse, ce qui forme de l'isoecgonine. On prépare le chlorhydrate de l'isoecgonine; ce sel est mis en suspension dans l'alcool et on y fait passer un courant d'acide chlorhydrique. On évapore l'alcool, on alcalinise, on agite avec le chloroforme, on obtient l'éther éthylique de l'isoecgonine. Ce corps chauffé au bain d'huile à 150° avec deux parties de chlorure de benzoïle donne l'isococaïne.

Prop. phys. et thér. — Les propriétés physiologiques sont analogues à celles de la cocaïne. Elle détermine l'anesthésie plus rapidement que la cocaïne. Toutefois son emploi dans les maladies d'yeux ne serait pas à recommander à cause des propriétés irritantes plus énergiques que celles de son isomère.

Kairine. — $C^{20}H^{13}AzO^{2}$.

Syn. — Oxyhydrométhylquinoléine.

Prop. — Alcaloïde artificiel dérivant de la quinoléine, découvert par M. O. Fischer

Prép. — On traite par l'éther méthyliodhydrique l'oxyhydroquinoléine, corps qui dérive de la quinoléine.

Descr. — Cristaux petits, blanc jaunâtre, à odeur légèrement musquée, à saveur amère, soluble dans l'eau et l'alcool, insoluble dans l'éther et la glycérine.

Réactions.—Avec l'acide nitrique la kairine donne une coloration jaune; avec l'eau chlorée elle donne un précipité jaune. L'ammoniaque la précipite de sa solution aqueuse.

Prop. phys. — La kairine a été expérimentée par Filehne (d'Erlangen). La kairine détermine un abaissement de température dont le degré et la rapidité varient avec la dose administrée, mais qui est fugace et ne saurait être maintenue sans danger. On observe aussi une altération profonde de la sensibilité et de la motilité. La langue et la bouche ont une teinte bleuâtre; la fréquence de la respiration diminue.

Elle altère le sang en détruisant l'hémoglobine; et le nombre de pulsations est diminué.

Prop. thér. — Étant, comme la quinine, un dérivé de la quinoléine, on l'a employée comme succédané de la quinine, comme antithermique et antipéridique. La kairine est plutôt antithermique.

Mode d'emploi. — Doses.

Cachets médicamenteux de 50 centigrammes.

A la dose de 1 à 3 jusqu'à ce que la température soit abaissée à la normale.

Solution de kairine :

Kairine....................	5 grammes.
Eau distillée..............	20 —

Un centimètre cube renferme 25 centigrammes de kairine.

Élixir de kairine :

Kairine........................	2gr,50
Sirop d'écorces d'oranges amères.	30 grammes.
Eau distillée..................	125 —

Chaque cuiller à soupe contient 25 centigrammes de kairine.

La dose maximum de kairine est de 2 grammes par jour : à cette dose elle détermine de la cyanose, du collapsus, puis la mort.

Muscarine. — $C^6H^{13}AzO^2$.

Syn. — Oxynévrine de synthèse.

Prov. — Alcaloïde naturel dans la fausse oronge

Agaricus muscarius, Champignons, découvert par Schmiedeberg et obtenu artificiellement par le même auteur en partant de la névrine.

DESCR. — La muscarine est incristallisable ; liquide visqueux, jaune, brun, hygroscopique, soluble dans l'eau et l'alcool, à peine soluble dans le chloroforme et insoluble dans l'éther.

RÉACTION. — L'eau bromée détermine une coloration orange. A 100° elle donne une odeur de tabac.

SELS EMPLOYÉS. — On emploie le sulfate et le nitrate.

PROP. PHYS. — La muscarine est un poison très violent : le cœur s'arrête en diastole. Elle est antagoniste de l'atropine. Elle produit la purgation, la salivation et la transpiration. Elle contracte la pupille ; elle donne des contractions nerveuses.

PROP. THÉR. — On a employé la muscarine contre l'épilepsie et la chorée, ainsi que dans la dyspnée et dans des cas d'empoisonnement par l'atropine. On l'a préconisée dans quelques cas de paralysie des membres, de la langue et des muscles du cou.

MODE D'EMPLOI.

DOSE de 1 à 2 milligrammes, en granules, par 24 heures.

Pipérazine. — $C^8H^4Az^2H^6$.

SYN. — Pipérazidine, dispermine, spermine, diéthyléminine.

PROV. — Alcaloïde artificiel obtenu par Greber et naturel dans le sperme, obtenu par Schreiner.

PRÉP. — On fait agir le bromure d'éthylène sur la diéthylène-diamine.

DESCR. — Poudre blanche cristallisée, très soluble dans l'eau, à saveur de sel ammoniacal.

RÉACTION. — M. le professeur Prunier indique l'iodure de bismuth iodé comme le meilleur réactif de la pipérazine, donnant au bout de six heures de magnifiques cristaux noirs d'iodure double.

Prop. phys. — Excitant général, possède la propriété de dissoudre l'acide urique, de relever la quantité d'urée et d'assurer, les échanges physiologiques. Stimulant énergique du système nerveux.

Prop. thér. — La pipérazidine donne de bons résultats dans la gravelle urique, la goutte et les coliques néphrétiques. On l'a employée comme stimulant général dans la phthisie pulmonaire et l'aliénation mentale, dans le cas où les malades ont une dépression cérébrale et corporelle. La solution de pipérazidine n'attaquant pas les muqueuses peut être propre aux lavages de la vessie et par conséquent dissoudre graduellement les calculs uratiques de la vessie. On peut même pratiquer des injections dans les tophus eux-mêmes, ou faire des applications de compresses de pipérazine sur les tuméfactions goutteuses. Enfin la pipérazine agit non seulement comme dissolvant de l'acide urique, mais des substances albuminoïdes servant à la construction des concrétions. Elle hâte la dissolution des calculs composés (urato-phosphatiques et urato-oxaliques).

Mode d'emploi.

Injection sous-cutanée :

Pipérazine 0gr,30
Eau distillée .... 1 gramme.

Pour une injection.

Cachets de pipérazine :

Pipérazine .... 5 grammes.

Divisez en 10 cachets de 50 centigrammes.

Dose de 1 à 2 cachets.

Solution de pipérazine :

Pipérazine	2	grammes.
Alcool	20	—
Eau	80	—

En lotions ou compresses.

Pyridine. — C^5H^5Az.

PROV. — Alcaloïde artificiel découvert par Anderson dans l'huile animale de Dippel; c'est une triamine.

PRÉP. — On l'obtient en chauffant l'huile animale de Dippel et en recueillant ce qui passe entre 115° et 116° ou en soumettant à la distillation sèche des alcaloïdes naturels : nicotine, brucine, cinchonine.

DESCR. — Liquide mobile, incolore, à odeur empyreumatique, miscible à l'eau. Bout à 116°. Base énergique. Densité 0,98.

RÉACTIONS. — La solution aqueuse de pyridine précipite le chlorure de cuivre ; le précipité se redissout dans un excès de base en donnant une liqueur de couleur bleue claire.

SELS. — La pyridine donne des sels bien cristallisés.

PROP. THÉR. — La pyridine combat l'asthme et la dyspnée.

Elle a été préconisée avec succès comme calmant dans l'angine de poitrine et l'anévrysme, en déterminant des phénomènes paralytiques.

MODE D'EMPLOI. — DOSES. — En inhalations, à la dose de 10 à 25 gouttes par opération ; on l'applique sur un mouchoir ou au fond d'un verre et on l'inhale pendant quelques minutes, et rapidement les mouvements du cœur se régularisent et la respiration se fait librement.

Thalline. — $C^{10}H^{13}AzO$.

Prov. — Alcaloïde artificiel dérivant de la quinoléine, découvert par Skaup.

Prép. — On l'obtient en chauffant à 140° le paraamidoanisol avec paranitro anisol, en présence de l'acide sulfurique et la glycérine.

Descr. — Liquide huileux; la thalline prend une coloration verte avec le perchlorure de fer, d'où son nom.

Sels employés. — Le sulfate, le tartrate et le chlrohydrate. Le sulfate est soluble dans 5 fois son poids d'eau et le tartrate dans 10 fois son poids d'eau.

Prop. phys. — La thalline est un médicament antipyrétique énergique, même à doses faibles. L'abaissement de la température se produit au bout d'une demi-heure à deux heures après l'injection et persiste de deux à huit heures. Elle détermine une diurèse abondante que l'atropine ne diminue pas.

Prop. thér. — On emploie le sulfate de thalline en injection uréthrale contre la cystite. On l'emploie à l'intérieur contre les fièvres; dans plus de 100 cas (une fièvre intermittente, typhoïde, pneumonie tuberculose, rhumatisme, rougeole, érysipèle) la température s'est abaissée à la normale sans causer d'accidents; la chute de température est suivie de sueurs abondantes, il se forme une ascension secondaire de température sans incident.

Mode d'emploi. — Doses. — Cachets médicamenteux de sulfate, de tartrate de thalline à la dose de 20 centigrammes, de 1 à 3 fois par jour.

Sirop de sulfate de thalline (Dr C. Paul) :

Sulfate de thalline.........	1 gramme.
Sirop de cerises............	50 grammes.

Une cuillerée à dessert toutes les heures.

Lavement de thalline :

Sulfate de thalline..........	0gr,75
Eau......................	200 grammes.

F. S. A. Pour un lavement.

Potion de thalline (Dujardin-Beaumetz) :

Sulfate de thalline..........	1 gramme.
Eau......................	125 grammes.
Sirop de menthe...........	30 —

Solution pour injections hypodermiques (Dujardin-Beaumetz) :

Sulfate de thalline.........	1 gramme.
Eau......................	10 grammes.

F. S. A. un centimètre cube contient 10 centigrammes de sulfate de thalline.

Triméthylamine. — C^6H^9Az.

Syn. — Propylamine.

Prov. — Alcaloïde artificiel obtenu par Wertheim en décomposant la narcotine ou la codéine par la potasse.

Descr. — Liquide huileux, fortement alcalin, possédant l'odeur désagréable du poisson gâté. Bout à 9°, très soluble dans l'eau.

Réactions. — La triméthylamine précipite les sels de cuivre en bleu clair et le précipité est insoluble dans un excès d'alcali. Avec le chlorure d'or on obtient un précipité jaune clair soluble dans un excès de réactif.

Prop. phys. — La triméthylamine abaisse la température du corps, le nombre de pulsations et la quantité d'urée. Elle est diurétique et diaphorétique et excitante du système nerveux.

Prop. thér. — La triméthylamine a été préconisée contre les rhumatismes et l'épilepsie, l'asthme et le muguet. Des résultats excellents ont été obtenus avec elle dans le rhumatisme articulaire aigu ; on l'a essayée avec moins de succès dans la bronchite, les hémorrhoïdes et dans la scrofule et le rachitisme et contre les maladies du foie, de la rate.

Mode d'emploi. — Doses.

Pilules de triméthylamine (Dr C. Paul) :

Chlorhydrate de triméthylamine.	2 grammes.
Poudre de guimauve............	1 gramme.
Poudre de gomme arabique.....	0gr,50

Pour 20 pilules ; de 5 à 10 par jour.

Potion à la triméthylamine (Dr C. Paul) :

Chlorhydrate de triméthylamine.	2	grammes.
Sirop d'anis..................	30	—
Eau distillée.................	120	—

Sirop (Dr Dujardin-Beaumetz) :

Chlorhydrate de triméthylamine.	10	grammes.
Teinture d'oranges douces......	20	—
Sirop simple..................	970	—

Chaque cuillerée à soupe contient 20 centigrammes de sel.

Solution de triméthylamine (Dr Dujardin-Beaumetz) :

Chlorhydrate de triméthylamine.	10	grammes.
Eau distillée..................	400	—

Chaque cuillerée à soupe contient 50 centigrammes de triméthylamine.

DEUXIÈME PARTIE

LES GLUCOSIDES

CHAPITRE PREMIER

GÉNÉRALITÉS

§ 1er. — **Définition.**

On donne le nom de glucosides à divers corps qui ont la propriété de se dédoubler par fixation d'eau en glycose et divers produits. Ce dédoublement s'opère sous l'influence des acides, ou des bases, ou par l'action de certains ferments.

§ 2. — **Historique.**

Vauquelin en 1808 isola le premier glucoside, la daphnine. L'année suivante il isolait l'amygdaline, la salicine. Pelletier et Caventou isolaient la caïncine.

En 1840, Homolle et Quévenne isolaient la digitaline amorphe. Quelques années plus tard Nativelle obtenait la digitaline cristallisée. En 1870 Vulpius découvrait la condurangine. Enfin dans ces dernières années Tanret isolait la vincétoxine ; MM. Arnaud et Catillon faisaient connaître la strophanthine et Arnaud l'ouabaïne et la tanghinine.

§ 3.— Fonction chimique des glucosides.

La fonction chimique des glucosides est une des plus complexes. La molécule de glycose peut être combinée à un alcool, ou un aldéhyde ou un acide et simultanément à plusieurs de ces composés. La fonction dominante sera la fonction aldéhydique du glucose.

La plupart des glucosides ne contiennent dans leur composition que du carbone, de l'hydrogène et de l'oxygène. Ex. : Arbutine, Esculine.

Quelques-uns, en plus de ces trois corps simples contiennent de l'azote. Ex. : Amygdaline, Solanine.

Plusieurs glucosides au papier de tournesol présentent la réaction acide comme la caïncine, d'autres au contraire bleuissent le papier de tournesol comme la vincétoxine.

La plupart des solutions aqueuses de glucosides moussent avec persistance.

La solution aqueuse de quelques glucosides coagule par la chaleur : vincétoxine et condurangine.

Les glucosides ont comme dissolvant préféré, l'eau et l'alcool.

Sous l'influence des acides minéraux dilués et ébullition, les glucosides se dédoublent. Mais tantôt cette scission se fait en une molécule de glycose et une molécule de dérivé, tantôt en une molécule de glycose et deux molécules de dérivés, tantôt enfin en plus de deux molécules de glycose.

$$C^{40}H^{27}AzO^{22} + 2H^2O^2 = 2C^{12}H^{12}O^{12} + C^{14}H^6O^2 + C^2AzH.$$
Amygdaline.

$$C^{26}H^{18}O^{14} + H^2O^2 = C^{12}H^{12}O^{12} + C^{14}H^8O^4.$$
Salicine. Salicétine.

$$C^{40}H^{22}O^{16} + H^2O^2 = C^{26}H^{18}O^{14} + C^{14}H^6O^4.$$
Populine. Salicine.

$$C^{68}H^{62}O^{22} + H^2O^2 = C^{12}H^{12}O^{12} + 2C^{28}H^{26}O^6.$$

Convallamarine. Convallarétine.

M. Bourquelot vient de démontrer que les champignons possèdent la propriété de dédoubler les glucosides.

§ 4. — Préparation des glucosides.

1° *Ébullition avec la litharge.* — La décoction de la plante est maintenue en ébullition avec la litharge, réduite de moitié, filtrée, puis concentrée dans le vide sous forme de sirop épais et abandonnée en lieu frais, et le glucoside ne tarde pas à cristalliser. La longue ébullition au contact de l'air ne peut que résinifier une partie du produit; aussi le rendement est toujours faible.

2° *Précipitation par le sous-acétate de plomb.* — On défèque la décoction de la plante par l'acétate de plomb neutre en solution, on filtre et on précipite par le sous-acétate de plomb le glucoside sous la forme d'un composé plombique, on le recueille. On a présenté trois méthodes pour isoler le glucoside.

a. Le précipité délayé dans l'eau reçoit une solution diluée aqueuse d'acide sulfurique jusqu'à transformation en sulfate de plomb, sans aucun excès d'acide sulfurique; on fait bouillir, on filtre et on concentre dans le vide (Pelletier et Caventou).

b. Le précipité plombique mis à digérer dans de l'eau distillée, reçoit un courant d'hydrogène sulfuré jusqu'à refus; on porte à ébullition, on filtre et on concentre rapidement la liqueur dans le vide. (E. Bourgoin.)

c. Le précipité plombique mélangé à de l'alcool bouillant reçoit un courant d'hydrogène sulfuré jusqu'à refus, on filtre, on évapore l'alcool à basse température et dans le vide, et le glucoside ne tarde pas à cristalliser. (H. Bocquillon.)

3° *Dissolution dans l'alcool.* — Quand un glucoside se trouve à l'état libre dans une plante pauvre en tannin, on fait macérer cette plante pulvérisée dans l'alcool, on filtre et par évaporation spontanée de l'alcool on obtient le glucoside cristallisé. (Arnaud.)

4° *Procédé à la chaux.* — Ce procédé, qui est très bon est dû à M. Tanret; il consiste à traiter la plante pulvérisée par un lait de chaux : après un contact de vingt-quatre heures on introduit dans un appareil à déplacement; on le traite par l'eau distillée et les liqueurs sont précipitées par une solution concentrée de chlorure de sodium; le précipité est desséché dans le vide ou à air libre et le résidu sec est traité par le chloroforme qui dissout le glucoside. L'évaporation du chloroforme abandonne le glucoside à l'état cristallisé. (Tanret.)

4° *Méthode mixte.* — Quand la plante contient beaucoup de tannin, ou quand on veut éviter la production d'hydrogène sulfuré, on précipite la décoction de la plante par le sous-acétate de plomb : le précipité mélangé à de la chaux éteinte est rapidement desséché dans le vide, pulvérisé et introduit dans un appareil à déplacement et traité par l'alcool concentré. L'évaporation de l'alcool abandonne le glucoside. (H. Bocquillon.)

§ 5. — **Réactifs des glucosides.**

1° Le glucoside en solution aqueuse est additionné d'une faible quantité d'acide minéral. On porte à ébullition, on filtre. La liqueur neutralisée, traitée par la liqueur de Fehling, donne la réduction de l'oxyde de cuivre hydraté rouge.

2° *Phosphomolybdate d'ammoniaque.* — Pour préparer ce réactif on précipite la solution nitrique de molybdate d'ammoniaque par le phosphate de soude. Le précipité lavé et séché est débarrassé de l'ammoniaque qu'il renferme en excès par calcination. On reprend par l'eau acidulée par de l'acide nitrique.

3° *Acide métatungstique.* — Ce réactif se comporte comme le précédent.

M. Tanret a fait judicieusement remarquer que certains glucosides précipitent par les réactifs des alcaloïdes, ce sont, la vincétoxine, la convallamarine, la digitaléine, la cédrine et la glycyrrhizine.

§ 6. — Réactions des glucosides.

De même que les alcaloïdes, les glucosides présentent, en présence des acides minéraux concentrés (azotique, chlorhydrique, sulfurique), des réactions colorées. C'est ainsi que la digitaline cristallisée, en présence de l'acide chlorhydrique concentré, donne une coloration vert émeraude caractéristique.

§ 7. — Classement des glucosides d'après les familles botaniques auxquelles ils appartiennent.

Acanthacées :	
Rhinacanthine.	Antiherpétique.
Apocynacées :	
Agoniadine.	Purgatif.
Apocynéine.	—
Échujine.	Cardiaque.
Nérianthine.	—
Neriine.	—
Ouabaïne.	—
Strophantine.	Cardiaque, toxique.
Tanghinine.	—
Thévétine.	Toxique, fébrifuge.
Uréchitine.	Cardiaque, toxique.
Araliacées :	
Hédérine.	Excitant.

Artocarpées :	
Antiarine.	Cardiaque, toxique.
Asclépiadées :	
Vincétoxine.	Émétique.
Asparaginées :	
Glycyphilline.	Édulcorant.
Aurantiacées :	
Aurantiamarine.	Fébrifuge.
Hespéridine.	—
Isohespéridine.	—
Naringine.	—
Caryophyllacées :	
Saponine.	Excitant.
Composées :	
Atractyline.	Toxique.
Vernonine.	Cardiaque.
Conifères :	
Abiétine.	Excitant
Coniférine.	—
Laricine.	—
Thuyine.	Toxique.
Convolvulacées :	
Ipoméine.	Antigoutteux.
Jalapine.	Purgatif.
Turpéthine.	—
Crucifères :	
Sinalbine.	Rubéfiant.
Cucurbitacées :	
Bryonine.	Purgatif.
Colocynthine.	—
Megarrhizine.	—
Éricacées :	
Arbutine.	Diurétique.
Éricoline.	—
Gentianacées :	
Gentiopicrine	Fébrifuge.
Ményanthine.	—

Légumineuses :	
Coronilline.	Cardiaque.
Glycyrrhizine.	Édulcorant.
Lupinine.	Fébrifuge
Robinine.	—
Wistarine.	Toxique.
Liliacées :	
Convallamarine.	Cardiaque.
Convallarine.	Cardiaque, purgatif.
Monimiacées :	
Boldoglucine.	Hypnotique.
Oléacées :	
Fraxine.	Fébrifuge.
Syringine.	Purgatif.
Primulacées :	
Arthanitine.	Purgatif.
Cyclamine.	—
Renonculacées :	
Adonidine.	Cardiaque.
Helléboréine.	Anesthésique.
Helléborine.	Cardiaque, toxique.
Mélanthine,	Diurétique.
Picroadonidine.	Cardiaque.
Rhamnacées :	
Émodine.	Purgatif.
Franguline.	—
Lokaïne.	—
Rhamnégine.	—
Xanthorhamnine.	—
Rosacées :	
Phlorhizine.	Fébrifuge.
Rubiacées :	
Morindine.	Fébrifuge.
Rutacées :	
Méline.	Stupéfiant.
Rutine.	—
Waldivine.	Fébrifuge.

Salicinacées :	
Salicine.	Fébrifuge.
Sapindacées :	
Esculine.	Fébrifuge.
Saxifragacées :	
Hydrangine.	Antigoutteux.
Scrofulariacées :	
Digitaléine.	Cardiaque, diurétique.
Digitaline.	Cardiaque, toxique.
Globularine.	Émétique.
Gratioline.	Purgatif.
Rhinanthine.	Résolutif.
Solanacées :	
Dulcamarine.	Cardiaque, hypnotique.
Rotonine.	Mydriatique.
Scopoline.	—
Solanine.	Hypnotique.
Sterculiacées :	
Adansonine.	Fébrifuge.
Thyméléacées :	
Daphnine.	Rubéfiant, purgatif.

§ 8. — Classement des glucosides d'après leurs propriétés physiologiques et thérapeutiques.

Anesthésiques :	
Helléboréine.	*Helleborus niger.*
Solanine.	*Solanum Dulcamara.*
Antigoutteux :	
Ipoméine.	*Ipomœa pandurata.*
Hydrangine.	*Hydrangea arborescens.*
Antiherpétiques :	
Rhinacanthine.	*Rhinacanthus communis.*
Cardiaques :	
Adonidine.	*Adonis vernalis.*

Antiarine.	*Upas antiar.*
Convallamarine.	*Convallaria majalis.*
Convallarine.	—
Coronilline.	*Coronilla scorpioides.*
Digitaléine.	*Digitalis purpurea.*
Digitaline.	*Digitalis purpurea.*
Dulcamarine.	*Solanum Dulcamara.*
Échujine.	*Adenium Bœhmianum.*
Globularine.	*Globularia Alypum.*
Helléborine.	*Helleborus niger.*
Nérianthine.	*Nerium Oleander.*
Neriine.	—
Ouabaïne.	*Acocanthera ouabaio.*
Picroadonidine.	*Adonis vernalis.*
Strophanthine.	*Strophantus hispidus.*
Tanghinine.	*Tanghinia veneniflua.*
Uréchitine.	*Urechites suberecta.*
Vernonine.	*Vernonia nigritiana.*
Diaphorétiques :	
Caïncine.	*Chiococca anguifuga.*
Diurétiques :	
Arbutine.	*Arctostaphylos uva ursi.*
Caïncine.	*Chiococca anguifuga.*
Digitaléine.	*Digitalis purpurea.*
Digitaline.	—
Éricoline.	*Arctostaphylos uva ursi.*
Mélanthine.	*Nigella sativa.*
Strophantine.	*Strophantus hispidus.*
Édulcorants :	
Glyciphilline.	*Smilax glycyphylla.*
Glycirrhizine.	*Glycyrrhiza glabra.*
Émétiques :	
Gratioline.	*Gratiola officinalis.*
Vincétoxine.	*Asclepias Vincetoxicum.*
Excitants :	
Abiétine.	*Larix europæa.*
Coniférine.	—
Hédérine.	*Hedera Helix.*
Laricine.	*Larix europæa.*

Saponine.	*Saponaria officinalis.*
Fébrifuges :	
Adansonine.	*Adansonia digitata.*
Aurantiamarine.	*Citrus Aurantium.*
Danaïdine.	*Danaïs fragrans.*
Esculine.	*Æsculus Hippocastanum.*
Fraxine.	*Fraxinus Ornus.*
Hespéridine.	*Citrus Aurantium.*
Isohespéridine.	—
Lupinine.	*Lupinus albus.*
Gentiopicrine.	*Gentiana lutea.*
Menyanthine.	*Menyanthes trifoliata.*
Morindine.	*Morinda acutifolia.*
Naringine.	*Citrus Aurantium.*
Phlorhizine.	*Prunus et Persica divers.*
Robinine.	*Robinia Pseudacacia.*
Rutine.	*Rusta graveolens.*
Salicine.	*Salix Helix et pentandra.*
Thévétine.	*Thevetia nereifolia.*
Waldirine.	*Simaba Waldivia.*
Hypnotiques :	
Amygdaline.	*Amygdalus vulgaris.*
Boldoglucine.	*Boldoa fragrans.*
Dulcamarine.	*Solanum Dulcamara.*
Solanine.	
Mydriatiques :	
Rotoïne.	*Scopolia japonica.*
Scopoline.	—
Purgatifs :	
Agoniadine.	*Plumieria alba.*
Apocynéine.	*Apocynum cannabium.*
Arthanitine.	*Cyclamen europæeum.*
Bryonine.	*Bryonia dioica.*
Colocynthine.	*Cucumis Colocynthis.*
Convallarine.	*Convallaria majalis.*
Cyclamine.	*Cyclamen europæeum.*
Daphnine.	*Daphne Gnidium.*
Émodine.	*Rhamnus Frangula.*
Franguline.	—

Globularine.	*Globularia Alypum.*
Gratioline.	*Gratiola officinalis.*
Jalapine.	*Convolvulus Jalapa.*
Lokaïne.	*Rhamnus Alaternus.*
Megarrhzine.	*Megarrhiza californica.*
Rhamnégine.	*Rhamnus infectorius.*
Sophorine.	*Sophora Japonica.*
Syringine.	*Syringa vulgaris.*
Turpéthine.	*Ipomœa Turpethum.*
Xanthorrhamnine.	*Rhamnus infectorius.*
Résolutifs :	
Rhinanthine.	*Rhinanthus buccalis.*
Rubéfiants :	
Daphnine.	*Daphne Gnidium.*
Sinalbine.	*Sinapis alba.*
Stupéfiants :	
Méline.	*Ruta graveolens.*
Phytoméline.	—
Rutine.	—
Toxiques :	
Amygdaline.	*Amygdalis communis.*
Antiarine.	*Upas antiar.*
Atractyline.	*Atractylis gummifera.*
Céphalanthine.	*Cephalanthus occidentalis.*
Helléborine.	*Helleborus niger.*
Ouabaïne.	*Acocanthera ouabaio.*
Strophanthine.	*Strophanthus hispidus.*
Tanghinine.	*Tanghinia veneniflua.*
Thévétine.	*Thevetia nereifolia.*
Thuyine.	*Thuya articulata.*
Uréchitine.	*Urechites suberecta.*
Wistarine.	*Wistaria sinensis.*

13.

CHAPITRE II

GLUCOSIDES

Adansonine. — $C^{48}H^{72}O^{38}$.

PROV. — Glucoside extrait par Stanislas Martin des feuilles de l'*Adansonia digitata, Baobab*, Sterculiacées.

DESCR. — Substance amorphe blanche, soluble dans l'eau et l'alcool, de saveur amère.

PROP. THÉR. — Toutes les parties de la plante sont fébrifuges et ont été préconisées par Adamson, Duchassaing. L'adansonine a une action antipériodique manifeste, mais elle existe en trop minime quantité pour devenir d'un usage courant.

Adonidine.

SYN. — Picroadonidine.

PROV. — Glucoside extrait de l'*Adonis vernalis*, Renonculacées, par Vin. Cervello.

DESCR. — L'adonidine est amorphe, jaune serin, hygroscopique, inodore et amère. Elle se dissout dans l'eau et l'alcool, insoluble dans l'alcool amylique, l'éther, le chloroforme, la benzine et l'essence de térébenthine.

RÉACTIONS. — En présence des acides dilués et en ébullition, l'adonidine se dédouble en glycose et en matière résineuse.

PROP. PHYS. — L'adonidine agit sur le cœur en régularisant son action et augmentant la pression artérielle. Elle agirait comme la digitale sans avoir comme elle l'accumulation. A haute dose elle provoque des vomissements très intenses.

PROP. THÉR. — L'adonidine a été employée en thérapeutique par le Dr Huchard qui l'administre à la dose de 2 à 3 centigrammes. Dans ces conditions elle élève la tension artérielle, régularise et ralentit les battements du cœur, augmente la diurèse et fait disparaître les hydropisies et les œdèmes; elle s'élimine rapidement. Elle est indiquée dans les affections aortiques, l'artério-sclérose et la première période de la néphrite interstitielle.

MODE D'EMPLOI.

Élixir d'adonidine (Dr Constantin Paul) :

Tannate d'adonidine........	0gr,10
Sirop d'écorces d'oranges...	45 grammes.
Alcool de mélisse...........	45 —
Eau distillée...............	90 —

Une cuillerée à soupe matin et soir.

Pilules d'adonidine :

Tannate d'adonidine........	0gr,10
Extrait de gentiane........	Q. S.

F. S. A. 10 pilules. Dose de 1 à 2 par jour.

DOSE. — L'adonidine s'emploie à la dose de 5 milligrammes jusqu'au maximum de 2 centigrammes par jour.

Agoniadine. — $C^{10}H^{14}O^{6}$.

PROV. — Glucoside extrait par Peckolt du *Plumieria alba*, vulgo Frangipanier blanc, Apocynacées.

DESCR. — Aiguilles soyeuses, fusibles à 155°, soluble dans les acides, peu soluble dans l'eau, l'alcool, le sulfure de carbone, l'éther et la benzine.

RÉACTIONS. — En présence des acides étendus et

bouillants l'agoniadine se dédouble en glycose et en un corps résineux amorphe qui n'a pas été étudié.

PROP. THÉR. — Antiblennorrhagique et antisyphilitique peu étudié. L'agoniadine est un purgatif très violent que l'on a préconisé contre l'hydropisie.

Amygdaline. — $C^{20}H^{27}AzO^{11}+3H^2O$.

PROV. — Glucoside retiré par Boutron de l'amande amère; on l'a retrouvé dans l'amande du prunier et dans le fruit du sorbier.

DESCR. — Aiguilles incolores et fines. Très soluble dans l'eau et l'alcool bouillant, peu soluble dans l'eau et l'alcool froid, insoluble dans l'éther. Pouvoir rotatoire lévogyre.

RÉACTIONS. — Sous l'influence des acides étendus ou de l'émulsine, l'amygdaline se dédouble en glycose, en essence d'amandes amères $C^{14}H^6O^2$ et acide cyanhydrique C^2AzH.

PROP. PHYS. — Dans l'estomac l'amygdaline ne se dédouble pas s'il n'y a pas de ferment spécial, dans l'intestin au contraire elle se dédouble. Son action est absolument celle de l'acide cyanhydrique (céphalalgie, troubles de la vision, anxiété précordiale, malaise nerveux, vertiges, étourdissements, dyspnée, somnolence).

PROP. THÉR. — L'amygdaline possède les propriétés énergiques thérapeutiques de l'acide prussique; on peut ainsi doser et manier aisément ce produit. On l'a usité avec succès dans les maladies inflammatoires et fébriles et contre les convulsions symptomatiques des phlegmasies des centres nerveux, contre le délire des affections pyrétiques, ou la toux pénible et quinteuse, la grippe; on l'administre contre certaines gastralgies et entérites qui résistent aux opiacés.

A l'extérieur on l'emploie avec succès contre les

affections cutanées douloureuses ou prurigineuses, dans l'eczéma, le lichen, l'acné de forme irritante.

MODE D'EMPLOI.

La meilleure manière de l'employer consiste à faire la mixture suivante :

Amygdaline................	0gr,10
Sirop simple................	50 grammes.

D'autre part, faire une émulsion de :

Amandes douces...........	8 grammes.
Eau......................	200 —

Mêlez. Prendre à la dose de deux cuillerées à soupe par jour. La mixture représente un demi centigramme d'acide cyanhydrique.

Antiarine. — $C^{14}H^{20}O^{5} + 2H^{2}O$.

PROV. — Glucoside contenu dans l'*Upas Antiar*, *Antiaris toxicaria*, Artocarpées.

DESCR. — Cristallise en lamelles. Fond à 100°. Soluble dans l'eau et l'alcool.

RÉACTIONS. — Se dédouble sous l'influence des acides en glycose et résine. Se colore sous l'influence de l'acide sulfurique en jaune brun intense.

PROP. PHYS. — En injections hypodermiques, l'antiarine, qui est très toxique, agit sur le cœur comme la digitaline et l'aconitine. Prise à l'intérieur, elle est seulement évacuante. Mise au contact de la peau, elle l'impressionne douloureusement.

PROP. THÉR. — L'antiarine est trop toxique pour entrer dans la thérapeutique courante.

Apocynéine.

PROV. — Glucoside extrait de l'*Apocynum canna-*

bium, vulgo chanvre du Canada, Apocynées, par Schmiedeberg et Lavater.

Descr. — Cristaux blancs micacés, soluble dans l'alcool et l'éther.

Prop. phys. — Poison du cœur qui est arrêté en systole. L'apocynéine est comparable à la digitaline et à la strophantine tant au point de vue chimique qu'au point de vue physiologique. De plus elle est diurétique, émétique, purgative et diurétique.

Prop. thér. — L'apocynéine est un hydragogue usité contre l'hydropisie et l'urémie. On l'emploie contre les affections de la plèvre. Elle est efficace contre la néphrite et le mal de Bright.

Mode d'emploi. — Doses. — Granules de 1 milligramme d'apocynéine à la dose de 1 à 2 par jour.

Arbutine. — $C^{12}H^{16}O^{7}+1/2H^{2}O$.

Prov. — Glucoside extrait par Cavalier de l'*Arbutus uva ursi*, Éricacées, et dans la *Gaultheria procumbens* et *Kalmia latifolia.*

Descr. — Cristaux en longues aiguilles incolores, inodores, amères, solubles dans l'eau et l'alcool, moins dans l'éther.

Réactions. — L'arbutine est arrosée de quelques gouttes d'acide nitrique et en faisant bouillir avec un mélange d'alcool et d'acide sulfurique, d'eau, puis un excès de potasse, le liquide prend une coloration violette du eau sel potassique de dinitrohydroquinone.

Prop. phys. — Glucoside diurétique non toxique, qui se dédouble dans l'économie en hydroquinone dont l'action sur les organes urinaires est des plus remarquables, en agissant comme tonique spécial sur la muqueuse vésicale et les uretères.

Prop. thér. — On a employé l'arbutine contre le catarrhe chronique vésical, la cystite du col de la vessie, l'incontinence et la rétention d'urine. L'emploi de l'arbutine colore les urines en vert. L'arbutine agit en outre comme antiseptique des voies urinaires, aussi l'a-t-on préconisée contre la blennorrhagie, la pyélite et la leucorrhée, dans les cas de fermentation putride des urines, quand elles répandent une odeur ammoniacale et encore dans les cas où les urines sont muco-purulentes.

MODE D'EMPLOI.

Potion à l'arbutine :

Arbutine........................	3	grammes.
Eau distillée de fleurs d'oranger...	10	—
Eau distillée....................	100	—
Sirop d'écorces d'oranges amères..	30	—

Cachets et pilules de 20 centigrammes à la dose de 4 à 12 par jour.

DOSES. — De 1 à 3 grammes en 24 heures.

Atractyline. — $C^{20}H^{30}O^{6}$.

SYN. — Acide atractilique.

PROV. — Glucoside retiré par M. Lefranc, de la racine de l'*Atractylis gummifera*, Composées-Cardiacées.

DESCR. — Substance gommeuse, inodore, de saveur sucrée. Soluble dans l'eau, insoluble dans l'éther.

RÉACTIONS. — Il possède une réaction acide. En présence de l'hydrate de potasse, il se dédouble en glycose et atractyligénine.

PROP. PHYS. ET THÉR. — L'atractyline possède des propriétés narcotico-âcres qui en font un poison redoutable. Mais les expériences thérapeutiques et physiologiques qu'on a tentées avec cette substance ne sont pas assez concluantes pour pouvoir la faire entrer sans danger dans la médication usuelle.

Aurantiamarine.

PROV. — Glucoside extrait par Tanret des *Citrus*

Aurantium, *vulgaris* et *Bigaradia*, Aurantiacées.

DESCR. — Corps amorphe blanc, extrêmement amer, inodore. Soluble dans l'eau, l'alcool; insoluble dans l'éther et le chloroforme; très soluble dans l'acide acétique et les alcalis.

RÉACTIONS. — Les acides dilués et à ébullition dédoublent l'aurantiamarine en hespérétine et glucose. L'acide sulfurique concentré la colore en rouge.

PROP. THÉR. — Substance de laboratoire de chimie. L'histoire thérapeutique de ce produit est complètement à faire et pourrait peut-être présenter certains avantages comme tonique et fébrifuge.

Boldoglucine. — $C^{30}H^{52}O^{8}$.

PROV. — Glucoside extrait par Chapoteaut des feuilles du *Boldoa fragrans*, Monimiacées.

DESCR. — Substance sirupeuse, incolore, à saveur et odeur aromatiques. Soluble dans l'eau et l'alcool, l'éther et le chloroforme.

RÉACTIONS. — En chauffant la boldoglucine avec de l'acide chlorhydrique très étendu elle se dédouble en glycose, chlorure de méthyle et un corps soluble dans l'alcool et la benzine. Insoluble dans l'eau.

PROP. PHYS. — La boldoglucine exerce sur le système nerveux central une action hypnotique et anesthésiante avec abaissement de température.

PROP. THÉR. — Très employée contre l'atonie des différents organes quand la quinine n'est pas tolérée ou dans la torpeur hépatique, le rhumatisme, la dyspepsie, la gonorrhée, le catarrhe chronique de la vessie et les abcès du foie.

MODE D'EMPLOI.

Pilules de boldoglucine :

Boldoglucine...............	1 gramme.
Extrait de chiendent........	1 —

F. S. A. 10 pilules.

Cachets de boldoglucine de 50 centigrammes.

Dose. — De 4 à 8 grammes.

Bryonine. — $C^{34}H^{48}O^{9}$ ou, suivant d'autres auteurs $C^{48}H^{80}O^{19}$.

Prov. — Glucoside retiré par Dulong des racines du *Bryonia dioica*, Cucurbitacées.

Descr. — Matière blanche amorphe, saveur sucrée, désagréable et amère, soluble dans l'eau et l'alcool, insoluble dans l'éther et le chloroforme. Sa solution est dextrogyre.

Réactions. — L'acide sulfurique la dissout en donnant une coloration bleue passant au vert. Une solution de bryonine précipite le sous-acétate de plomb, l'azotate d'argent. Lorsqu'on fait bouillir la bryonine en présence d'un acide elle se dédouble en glycose et en deux principes résineux, la bryorétine soluble dans l'éther et l'hydrobryorétine insoluble dans l'éther et soluble dans l'alcool.

Prop. phys. — La bryonine est éméto-cathartique, drastique; elle est toxique à haute dose. A la dose de 1 à 3 centigrammes elle ne produit ni irritation intestinale, ni ténesme vésical, on n'observe ni mal au ventre ni selles liquides, elle purge légèrement; à doses élevées, 5 ou 10 centigrammes, elle purge violemment avec coliques atroces quelquefois en produisant de la superpurgation avec symptômes du choléra.

Prop. thér. — On emploie avec avantage la bryonine comme purgatif, elle agît sur le cæcum et sert à relever celui-ci et le gros intestin en général de sa torpeur; on l'a préconisée avec succès dans les affections abdominales torpides, dans les fièvres bilieuses, les flux de bile, les coliques vermineuses. Elle réussit très bien dans le traitement des hydropisies, des paralysies atoniques et des affections catarrhales chroniques.

MODE D'EMPLOI. — DOSES.

Pilules de bryonine :

Bryonine..................	0gr,05
Extrait de chiendent........	1 gramme.

F. S. A. 1 pilule à prendre par chaque 1/2 heure jusqu'à effet.

Potion à la bryonine :

Bryonine.................	0gr,05
Sirop de fleurs d'oranger...	30 grammes.
Eau.....................	125 —

Mèlez. — Par cuillerées à bouche toutes les deux heures.

Caïncine. — $C^{40}H^{64}O^{18}$. (At.)

SYN. — Acide caïncique.

PROV. — Glucoside retiré par Pelletier et Caventou de l'écorce du *Chiococca anguifuga*, Rutacées, vulgo *Caïnca.*

DESCR. — Poudre blanche cristalline inodore, d'une amertume extrême et laissant à la gorge une sensation de constriction. Soluble dans l'alcool, peu soluble dans l'éther, très peu soluble dans l'eau.

RÉACTIONS. — En présence des acides dilués et à l'ébullition la caïncine se dédouble en glycose et en caïncétine, matière gélatineuse.

$$C^{40}H^{64}O^{18} + 3H^2O = C^{22}H^{34}O^3 + 3C^6H^{12}O^6.$$

Caïncine. Caïncétine. Glycose.

La caïncétine à son tour, traitée par la potasse en fusion, se dédouble en butyrate de potasse et en caïncigénine.

PROP. PHYS. — Diurétique, diaphorétique.

PROP. THÉR. — Le Dr François l'a employée avec nous dans l'hydropisie à cause de son action diurétique et diaphorétique. On a vanté son emploi dans les affections cérébrales, congestives et irritantes, et toutes les fois qu'il s'agit d'établir une dérivation intestinale.

MODE D'EMPLOI. — DOSE.

Pilules de caïncine :

Caïncine..................	1 gramme.
Extrait de chiendent........	1 —

F. S. A. 10 pilules. Dose 2 par jour.

Céphalanthine. — $C^{22}H^{34}O^{6}$.

PROV. — Glucoside extrait par Clausen du *Cephalanthus occidentalis*, Rutacées-Cinchonées.

DESCR. — Poudre jaune, blanche amorphe, insipide puis très amère. Soluble dans l'alcool et l'éther, presque insoluble dans l'eau, très difficilement soluble dans le chloroforme et la benzine. Fond à 177°. Pouvoir rotatoire. Dextrogyre = + 20°25'.

RÉACTIONS. — Chauffée avec de l'acide azotique, elle se colore en jaune orange. L'acide chlorhydrique concentré la colore en orange, brun rougeâtre, puis rouge. La céphalantine, sous l'influence des acides, se dédouble en sucre et en une résine acide la céphalantéine $C^{16}H^{23}O^{3}$. (Carl Mohrberg.)

PROP. PHYS. ET THÉR. — La céphalanthine est un poison par suite de la dissolution des globules sanguins. Cette substance, injectée sous la peau, empoisonne en dissolvant les globules et la matière colorante du sang : l'oxyhémoglobine du sang et de l'urine se transforme en métahémoglobine. Elle occasionne des crampes, de la paralysie, de la jaunisse par suite d'un développement énorme de la sécrétion biliaire. Elle n'a pas d'action sur le cœur ni sur le système nerveux, et néanmoins elle empêche les mouvements péristaltiques de l'intestin. Le fer se sépare des globules dans la rate, les glandes lymphatiques et la moelle, en un mot dans tous les organes qui concourent à la formation du sang.

Colocynthine. — $C^{56}H^{84}O^{23}$.

PROV. — Glucoside extrait par Hubschmann de la pulpe du fruit du *Cucumis Colocynthis*, Cucurbitacées.

DESCR. — Masse cristalline jaunâtre. Insoluble dans l'eau, soluble dans l'alcool et l'éther.

RÉACTIONS. — La colocynthine donne par l'ébullition en présence des acides étendus de la glycose et une résine, la colocynthéine $C^{14}H^{64}O^{13}$. (Walz.)

PROP. PHYS. — La colocynthine est un purgatif drastique d'une grande énergie, qui si on force la dose, produit des vomissements, des selles sanguinolentes, des phénomènes nerveux et peut amener la mort.

PROP. THÉR. — On emploie cette substance avec précaution contre l'obstruction intestinale, la constipation et la goutte.

MODE D'EMPLOI. — DOSES.

La colocynthine purge violemment à la dose de 5 à 10 milligrammes en pilules.

En injections sous-cutanées elle agit de la même façon, mais ces injections sont très douloureuses.

Lavement à la colocynthine :

Colocynthine...............		de 0gr,01 à 0gr,04.
Alcool................	ãa	12 grammes.
Glycérine.............		

Coniférine. — $C^{16}H^{22}O^{8} + 2H^{2}O$. (At.)

Syn. — Abiétine. Laricine. Glucoside conférylique.

Prov. — Glucoside retiré par M. Hartig du cambium du *Larix europæa*, Conifères.

Descr. — Aiguilles incolores ; peu soluble dans l'eau froide, plus soluble dans l'eau chaude et surtout dans l'alcool et insoluble dans l'éther. Saveur amère. Pouvoir rotatoire lévogyre.

Réactions. — Sous l'influence de l'ébullition avec les acides et de l'émulsine, la coniférine se dédouble en glycose et en alcool coniférylique $C^{20}H^{12}O^{6}$.

Prop. thér. — La coniférine par oxydation donne la vanilline ou vanille artificielle, qui est employée en thérapeutique comme excitant et surtout pour aromatiser certains médicaments.

Convallamarine. — $C^{23}H^{44}O^{12}$.

Prov. — Glucoside extrait par Walz, principalement des fleurs du muguet, *Convallaria Majalis*, Liliacées.

Descr. — Substance blanche amorphe de goût extrêmement amère, soluble dans l'eau, l'alcool, l'alcool méthylique, insoluble dans l'éther, l'alcool amylique et le chloroforme; elle dévie très fortement à gauche le plan de polarisation.

Réactions. — Sous l'influence des acides dilués elle se dédouble en glycose et en convallamarétine (Voy. *Convallarine*).

L'acide sulfurique concentré la colore en jaune puis en rouge et la coloration devient violette en présence de l'eau.

Prop. phys. — La convallamarine détermine l'augmentation de la pression artérielle normale, accompagnée d'abord de diminution du nombre de pulsations, puis les pulsations augmentent et dépassent la normale. Il ne faut pas dépasser cette période, car au delà le pouls va en s'accélérant; il se forme un abaissement subit de la pression artérielle, arrêt brusque du cœur et mort de l'individu.

PROP. THÉR. — La convallamarine, donnée à des cardiaques à la dose initiale de 3 centigrammes et en élevant la dose peu à peu jusqu'à 30 centigrammes, a déterminé une amélioration notable. Le pouls devient plus faible, plus régulier, la quantité d'émission d'urine augmente, l'hydropisie diminue et tous les autres signes de trouble cardiaque s'amendent. A la dose de 30 à 40 centigrammes par jour, on a observé de légères nausées, mais sans effets accumulatifs. D'après le Dr Constantin Paul, ce serait le meilleur tonique du cœur. On l'emploie dans les palpitations par suite d'épuisement des nerfs vagues, dans les arythmies simples avec ou sans hypertrophie du cœur, avec ou sans lésion des orifices et des valvules, et enfin dans l'insuffisance et le rétrécissement mitral.

MODE D'EMPLOI. — DOSES.

Pilules de convallamarine (Dr Constantin Paul) :

Convallamarine...........	0gr,10
Extrait de chiendent......	1 gramme.

Pour 10 pilules, une toute les heures.

Potion à la convallamarine (Sanson) :

Convallamarine...........	0gr,10
Sirop d'asperge...........	30 grammes.
Alcool.....................	30 —
Eau distillée..............	150 grammes.

Une cuillerée toutes les heures.

Vin de convallamarine (Dr Constantin Paul) :

Convallamarine...........	0gr,20
Iodure de potassium.......	3 grammes.
Vin de Grenache..........	150 —

Convallarine. — $C^{34}H^{62}O^{11}$.

Prov. — Glucoside extrait par M. N. Gallois du muguet, *Convallaria Majalis*, Liliacées.

Descr. — Corps cristallisé en prismes rectangulaires, soluble dans l'eau et l'alcool, insoluble dans l'éther.

Réactions. — Ce glucoside se dédouble sous l'influence des acides en convallamarétine $C^{14}H^{26}O^{3}$ et glycose. L'acide sulfurique le dissout et le colore en brun, mais si on le traite par ce réactif après l'avoir humecté il se forme une belle coloration violette.

Prop. phys. — Médicament cardiaque, ne s'accumulant pas ; il jouit de propriétés diurétiques ; il est tonique du cœur et de plus purgatif.

Prop. thér. — On l'emploie contre la dyspnée, les palpitations et les affections du cœur, l'hypertrophie, la péricardite et l'anémie. On l'a préconisé contre l'hydropisie comme purgatif, puis agissant sur le cœur.

Mode d'emploi.

Cachets ou pilules de 5 centigrammes de convallamarine, à la dose de une à deux par jour.

Convolvuline. — $C^{34}H^{50}O^{16}$.

Syn. — Rhodéorétine.

Prov. — Glucoside retiré du *Convolvulus Jalapa*, Convolvulacées.

Descr. — Matière amorphe blanche inodore, insipide, brillante quand elle est sèche, elle fond à 150°. Insoluble dans l'éther, le pétrole, la benzine, l'essence de térébenthine, le sulfure de carbone, un peu soluble dans l'eau et le chloroforme, très soluble dans les solutions alcalines.

Réactions. — L'acide nitrique la convertit en acide oxalique et acide sébacique. En présence de l'acide sulfurique concentré bouillant et de l'émulsine, la convolvuline se dédouble, en glucine et en convolvullinol, qui est l'anhydrite de l'acide convolvulinique.

PROP. PHYS. — Purgatif.

PROP. THÉR. — La convolvuline est employée dans la constipation habituelle, l'hydropisie, l'apoplexie séreuse, et l'absence du flux hémorrhoïdal. On l'emploie pour faire un lavage complet de l'intestin lorsque le sulfate de magnésie s'est montré inefficace. La convolvuline réussit à relever de sa torpeur la muqueuse peu irritable de l'intestin, dans des cas de rétention alvine opiniâtre.

MODE D'EMPLOI. — DOSES.

Pilules de convolvuline :

Convolvuline..............	10 centigr.
Extrait de réglisse.........	1 gramme.

F. S. A. 10 pilules. Dose de une à deux pilules d'heure en heure jusqu'à effet.

Lavement :

Convolvuline..............		2 grammes.
Alcool................	āā	40 —
Glycérine.............		

F. S. A. En lavement contenant 0gr,02 de convolvuline.

Cachets de convolvuline :

Convolvuline..............	10 centigr.
Sucre de lait..............	1 gramme.

F. S. A. 10 cachets médicamenteux.

Coronilline. — $C^7H^2O^5$.

Glucoside extrait par Reeb et Schlagdenhaufen

des graines du *Coronilla scorpioides*, Légumineuses.

DESCR. — Poudre jaune, amère, soluble dans l'eau, l'alcool, l'acétone, l'alcool amylique. Très peu soluble dans le chloroforme et l'éther. Chauffée, elle se boursoufle et carbonise sans fondre.

RÉACTIONS. — Avec l'acide sulfurique concentré, coloration orange foncé, virant au rouge sang au bout de quelques minutes, puis au bleu, et enfin au vert. Recueillie avec l'acide chlorhydrique étendu, elle se dédouble en glycose et en coronilléine $C^8H^{14}O^8$.

PROP. PHYS. — La coronilline augmente la force du cœur, l'amplitude du pouls ; de plus elle est diurétique.

PROP. THÉR. — La coronilline a été préconisée dans les affections du cœur; elle produit la diurèse, diminue les œdèmes et amende la dyspnée.

MODE D'EMPLOI. — Cachets, prises, pilules de 2 centigrammes à la dose de une à dix par jour, en graduant la dose suivant l'effet produit.

Crocine. — $C^{58}H^{86}O^{31}$.

PROV. — Glucoside extrait par M. Keyser des stigmates du *Crocus sativus*, Iridacées, safran.

DESCR. — Masse jaune, brune, friable, soluble dans l'eau, l'alcool dilué, peu soluble dans l'alcool absolu, insoluble dans l'éther.

RÉACTIONS. — La crocine est colorée en bleu foncé par l'acide sulfurique. L'acide azotique donne une coloration violette qui fonce et passe au brun. L'acide chlorhydrique la colore en jaune. Sous l'influence des acides à chaud et des alcalis même à froid, la crocine se dédouble en sucre et en crocétine $C^{34}H^{46}O^9$.

PROP. PHYS. ET THÉR. — Ce produit, qui est plutôt un corps chimique de laboratoire, n'a pas été suffisamment étudié au point de vue physiologique et thérapeutique pour être prescrit d'une manière usuelle.

Cyclamine. — $C^{20}H^{34}O^{10}$.

SYN. — Arthanitine.

PROV. — Glucoside extrait par Saladin et de Luca du rhizome du *Cyclamen europæum*, Primulacées.

DESCR. — Cristaux en aiguilles fines, inodores, irritant fortement les muqueuses, hygroscopiques. Soluble dans l'eau, les alcools éthylique, méthylique, amylique, la glycérine ; insoluble dans l'éther et le chloroforme. Fond à 230°. La solution aqueuse se coagule à 70°.

RÉACTIONS. — L'acide sulfurique colore la cyclamine en rouge. Elle se dédouble sous l'influence de l'eau bouillante, des acides dilués et de l'émulsine en glycose et en cyclamirétine.

PROP. PHYS. — Injectée sous la peau, la cyclamine produit des phénomènes analogues à ceux que produit le curare; la cyclamine détermine une paralysie nerveuse analogue à celle produite par la saponine; elle est sans action sur la respiration, la circulation et les sécrétions.

PROP. THÉR. — La cyclamine est purgative; elle est mployée dans tous les cas de rétention alvine et dans l'hydropisie.

MODE D'EMPLOI.

DOSES. — On administre la cyclamine en pilules à la dose de 10 à 20 milligrammes pour un adulte, d'heure en heure jusqu'à effet produit; une dose de 50 milligrammes donnera une superpurgation; la dose pour un enfant est de 1 à 5 milligrammes de cyclamine.

Danaïdine. — $C^{14}H^{14}O^{5}$.

SYN. — Danaïne.

PROV. — Glucoside extrait par Schlagdenhaufen du *Danaïs fragrans*, Rubiacées.

DESCR. — Corps blanc amorphe, soluble dans l'eau et l'alcool, insoluble dans l'éther et la benzine.

RÉACTIONS. — Sous l'influence des acides minéraux, la danaïne se dédouble en danaïdine $C^{22}H^{20}O^{6}$ et en glycose.

PROP. PHYS. — Tonique. Fébrifuge.

MODE D'EMPLOI.

DOSES. — Pilules de 10 centigrammes à la dose de 1 à 10 par jour.

Daphnine. — $C^{15}H^{16}O^{9}$.

SYN. — Acide daphnique.

PROV. — Glucoside retiré de l'écorce de *Daphne Gnidium*, Thyméléacées.

DESCR. — Cristaux blanc jaunâtre. Soluble dans l'eau, moins soluble dans l'alcool, insoluble dans l'éther.

RÉACTIONS. — Les acides sulfurique, chlorhydrique, donnent une coloration rouge. Sous l'influence des acides ou des ferments elle se dédouble en glycose et en daphnétine $C^{9}H^{6}O^{4}$.

PROP. THÉR. — Le garou est employé à l'extérieur comme rubéfiant et vésicant; à l'intérieur comme purgatif et vomitif. L'action physiologique et thérapeutique de la daphnine n'a pas été entreprise.

Digitaléïne. — $C^{22}H^{38}O^{9}$.(Eq.)

SYN. — Digitasoline. — Digitonine.

PROV. — Glucoside obtenu de la digitale par Homolle et Quévenne à l'état amorphe et par M. J. Houdas à l'état cristallisé.

DESCR. — Cristaux incolores, soluble dans l'eau; la solution aqueuse mousse; desséchée elle donne une masse amorphe et vitreuse. Très peu soluble dans l'alcool absolu, insoluble dans le chloroforme, l'éther et l'éther de pétrole. Fond à 250°.

Pouvoir rotatoire lévogyre = — 49°,25.

Réactions. — La digitaléine précipite par le tannin et l'acétate de plomb ammoniacal. Dans l'acide chlorhydrique à froid, rien; à chaud, la solution devient rouge violacé avec une légère fluorescence verdâtre. Avec l'acide sulfurique étendu de son volume d'eau, coloration jaunâtre à froid qui passe au rouge puis au noir en chauffant.

Prop. phys. — La digitaléine jouit de toutes les propriétés physiologiques de la digitale et de la digitaline.

Prop. thér. — Son défaut d'irritation sur la peau et le tube digestif rend son usage précieux en médecine. Sa solubilité et son dosage sont faciles, l'absorption rapide on l'emploie dans les mêmes conditions que la digitaline cristallisée en se rappelant que son action est 50 fois plus faible. Là où on emploierait un granule de 1/10 de milligramme de digitaline cristallisée, on peut prendre un granule de 5 milligrammes de digitaléine.

Digitaline. — $C^{50}H^{40}O^{30}$.

Prov. — Glucoside extrait de la digitale.

Prép. — 1° On épuise la digitale pulvérisée par de l'alcool à 50°, on distille la liqueur et on l'évapore jusqu'à ce qu'elle ait un poids égal à celui de la plante traitée, puis on l'additionne de trois fois son poids d'eau. On filtre, on sèche à l'air le précipité et on l'épuise à l'alcool bouillant, ce dernier abandonne ensuite à l'évaporation et refroidissement un mélange de cristaux incolores. Ces derniers, traités par le chloroforme, laissent un résidu cristallisé de digitine, tandis que la digitaline entre en solution. On décolore la liqueur par du noir animal, on l'évapore et on fait cristalliser la digitaline dans l'alcool (Nativelle).

Telle est la préparation de la digitaline cristallisée insoluble dans l'eau, appelée en Allemagne digitoxine.

2° On place la digitale en poudre dans un appareil à déplacement et on l'humecte d'eau distillée, puis on verse de l'eau peu à peu par petites portions pour obtenir en liqueur trois fois le poids de la plante. On ajoute à la solution un quart du poids de la plante de sous-acétate de plomb liquide, on filtre. On traite successivement la liqueur filtrée par des solutions de carbonate de soude et de phosphate de soude ammoniacal. On filtre de nouveau et on précipite par une solution de tannin. Le précipité recueilli est mélangé de litharge et de noir animal; on fait sécher le mélange et on épure par de l'alcool à 90°. On évapore la solution à siccité au bain-marie, on épuise le résidu par l'eau distillée, puis on le reprend par l'alcool à 90°; on chasse de nouveau l'alcool et on épuise le résidu par le chloroforme. La solution chloroformique abandonne par évaporation la digitaline.

Telle est la préparation de la digitaline amorphe de Homolle.

Descr. — *Digitaline cristallisée.* Aiguilles incolores et brillantes, à peine solubles dans l'eau bouillante, plus solubles dans l'alcool surtout à chaud, très solubles dans le chloroforme et l'éther. Saveur excessivement amère.

Digitaline amorphe. Poudre d'un blanc légèrement jaunâtre, douée d'une odeur aromatique *sui generis*; neutre au tournesol, insoluble dans l'eau et l'éther, soluble dans l'alcool et le chloroforme. Elle fond à 100°.

Réactions. — Les acides chlorhydrique et phosphorique concentrés la dissolvent en prenant une belle coloration caractéristique verte, qui passe au jaune par addition d'eau. Le chloral anhydre la dissout en prenant une teinte vert jaunâtre qui, lorsqu'on chauffe passe, au violet puis au vert. Elle ne précipite pas par les sels de plomb. Elle précipite par le tannin.

Prop. phys. — Appliquée sur les muqueuses ou le derme dénudé, la digitaline produit de la cuisson et une irritation vive pouvant aller jusqu'à l'inflammation et l'ulcération.

Ingérée par l'estomac à doses thérapeutiques la digitaline a pour principal effet d'accroître la diurèse et de ralentir le pouls; en effet de 100 à 130 pulsations, la digitaline le fait tomber à 60, 45 et même 32 pulsations par minute. A mesure que le nombre de pulsations diminue, le pouls devient plus fort, plus serré et plus persistant. Ce n'est pas un hyposthénisant de la circulation centrale, elle en est plutôt le régulateur et le tonique. Elle est moins, d'après Bouillaud, l'opium du cœur que le quinquina. Le phénomène le plus particulier de la digitaline est celui de l'accumulation.

Donnée à dose toxique la digitaline donne lieu aux phénomènes suivants: nausées, vomissements, salivation, lenteur et faiblesse du pouls, sueur froide, refroidissement des extrémités, syncopes, céphalalgie, étourdissements, stupeur, dilatation des pupilles, convulsions, puis la mort.

Prop. thér. — La digitaline est rationnellement indiquée comme galvanisant les nerfs cardiaques et du système vaso-moteur, dans les cas d'atonie paralytique de l'appareil nerveux du cœur, principalement dans les palpitations asthéniques, idiopathiques des sujets nerveux, l'asystolie des maladies organiques du cœur, les fluxions sanguines viscérales. En diminuant le calibre des capillaires ou s'en sert pour réprimer les hémorrhagies des petits vaisseaux, dans les métrorrhagies par exemple. Par son action diurétique, la digitaline rend des services dans les hydropysies et dans les conditions pathologiques, albuminurie, goutte, gravelle, où l'on veut favoriser la diurèse et l'élimination de produits excrémentitiels sans accroître la congestion rénale. Dans ces cas le Dr H. Huchard conseille d'accompagner l'administration de la digitaline du régime lacté et dans ce cas on évite l'accumulation d'action de la substance.

Modes d'emploi.

Solution de digitaline cristallisée (A. Petit) :

Digitaline cristallisée	0gr,10
Glycérine (D = 1250)	33cc,3.
Eau	14cc,6.
Alcool à 95°	Q. S. pour faire 100 c. c.

Cette solution est au millième. 1 gramme ou 50 gouttes contiennent 1 milligramme de digitaline cristallisée.

Dose de XX à L gouttes.

Gouttes de digitaline :

Digitaline amorphe chloroformique..	0gr,01
Alcool à 90°	3gr,80.

XX gouttes contiennent 1 milligramme.

Granules de digitaline cristallisée (Nativelle) :
A 1/4 de milligramme, de 1 à 4 par jour.

Granules de digitaline (Codex) :
Granules de digitaline chloroformique à 1 milligramme.

De 1 à 2 dans les vingt-quatre heures.

Sirop de digitaline (Homolle et Quévenne) :

Digitaline amorphe	0gr,10
Alcool pour dissoudre la digitaline	Q. S.
Sirop de sucre	1500 grammes.

Une cuillerée à soupe contient 1 milligramme de digitaline.

Dose de 2 à 5 cuillerées par jour.

Doses. — La digitaline cristallisée s'emploie à la dose de 1/10 de milligramme à 1 milligramme par jour. La digitaline amorphe se prescrit à la dose de 1 à 8 milligrammes progressivement.

Dulcamarine. — $C^{22}H^{34}O^{10}$.

Prov. — Glucoside retiré par Pfaff des tiges et feuilles du *Solanum Dulcamara*, Solanacées.

Descr. — Corps amorphe jaunâtre, inodore, de saveur d'abord amère, puis sucrée, soluble dans l'eau, l'alcool, l'acide acétique, l'éther acétique, le chloroforme et l'éther de pétrole. Fond à 160°.

Réactions. — En présence de l'acide sulfurique dilué et chaud la dulcamarine se dédouble en glycose et en un produit amorphe résineux, la dulcamarétine $C^{16}H^{26}O^{6}$.

Prop. thér. — On a préconisé la dulcamarine dans le rhumatisme et les affections du cœur ainsi que dans l'asthme et la coqueluche. Les expériences entreprises avec ce glucoside ne sont pas assez concluantes pour le faire entrer dans la thérapeutique courante.

Echujine. — Glucoside extrait par Boehm de l'*Adenium Bœhmianum*, vulgo *Echuja*, Apocynacées.

Descr. — Cristaux blancs soluble dans l'eau et l'alcool.

Réactions. — Sa solution aqueuse est précipitée par le tannin. Traitée quelque temps par l'acide sulfurique dilué, l'échujine réduit la liqueur de Fehling.

PROP. THÉR. — Ce glucoside est vénéneux, il est analogue à la digitaline comme composition, mais il aurait plutôt les propriétés physiologiques et thérapeutiques de l'ouabaïne et de la strophantine.

DOSE. — Un demi-milligramme à 1 milligramme.

Éricoline. — $C^{34}H^{56}O^{21}$. (At.)

PROV. — Glucoside extrait par Cavalier, des feuilles de l'*Arctostaphylos uva ursi*, Éricacées, et retrouvé dans le *Ledum palustre* et le *Rhododendron ferrugineum*.

DESCR. — Substance amorphe jaunâtre, inodore, amère, fusible à 100°. Soluble dans l'alcool et l'éther, insoluble dans l'eau.

RÉACTIONS. — L'éricoline, chauffée avec de l'acide sulfurique étendu, se dédouble en éricinol et en glycose :

$$C^{34}H^{56}O^{21} + 4HO = C^{10}H^{16}O + 4C^{6}H^{12}O^{6}.$$

PROP. PHYS. et THÉR. — Les propriétés physiologiques et thérapeutiques sont les mêmes que celles de l'arbutine. Les doses sont néanmoins de moitié que celles de l'arbutine.

Esculine. — $C^{15}H^{16}O^{9} + 1\,1/2\,H^{2}O$. (At.)

PROV. — Glucoside extrait de l'écorce de la tige du marronnier d'Inde, *Æsculus Hippocastanum*, Sapindacées.

DESCR. — Cristaux prismatiques blancs, inodores, d'une saveur amère. Peu soluble dans l'eau et dans l'alcool, l'esculine l'est davantage dans l'alcool et l'eau bouillante; elle est très soluble dans l'éther. La solution aqueuse d'esculine est fluorescente; les alcalis augmentent et les acides font cesser la fluorescence. Fond à 160°.

Réactions. — Sous l'influence des acides, à ébullition l'esculine se dédouble en glycose et en esculétine $C^9H^6O^4$, qui est cristallisable soluble dans l'eau et l'alcool insoluble dans l'éther; solution dichroïque, fond à 270°.

Prop. phys. — Fébrifuge très bien toléré, ne provoquant ni nausées, ni diarrhées, ni accidents cérébraux.

Prop. thér. — L'esculine paraît avoir une certaine utilité pour combattre les fièvres intermittentes légères. Elle réussit très bien dans les cas de fièvres intermittentes quoditiennes, et dans les névralgies péridiques; les entéralgies palustres.

Paquets ou cachets d'esculine :

Esculine....................	1 gramme.
Sucre de lait................	1 —

Mêlez. — Divisez en 10 cachets à prendre de 5 à 10 par jour.

Élixir d'esculine :

Esculine....................	1gr,25
Alcool......................	25 grammes.
Sirop simple................	80 —

Potion d'esculine :

Esculine......................	2 grammes.
Eau..........................	100 —
Sirop d'écorces d'oranges amères..	30 —

Dose de l'esculine : de 50 à 2 grammes par jour.

Franguline. — $C^{20}H^{20}O^{10}$.

Syn. — Exodine.

Prov. — Glucoside extrait par Casselmann de l'écorce du *Rhamnus Frangula*, Rhamnacées.

Descr. — Cristaux jaunes microscopiques, fondant à 249°. Soluble dans l'éther, l'acide acétique, l'alcool bouillant.

Réaction. — Les alcalis dilués la dissolvent en donnant une coloration rouge cerise.

Prop. phys. — Purgatif drastique.

Prop. thér. — Les propriétés thérapeutiques de ce corps de sont pas suffisamment précises pour faire employer ce produit d'une manière usuelle.

Fraxine. — $C^{16}H^{18}O^{10} + 2\ HO$. (Eq.)

Prov. — Glucoside retiré par Salm-Horstmar de la tige du *Fraxinus excelsior*, Oléacées.

Descr. — Cristaux en aiguilles d'un blanc jaunâtre, de saveur astringente et amère. Peu soluble dans l'eau et l'alcool froid, plus soluble dans l'eau et l'alcool bouillant.

Les solutions de fraxine ont une fluorescence bleue que les acides font disparaître.

Réactions. — Les acides faibles la dédoublent à l'ébullition en glycose et en fraxétine $C^{15}H^{12}O^{8}$.

Prop. phys. — Fébrifuge et tonique.

Prop. thér. — La fraxine est un fébrifuge dont les propriétés spéciales ont été nettement établies il y a déjà quelque temps, puisque, avant la découverte du quinquina, l'écorce de frêne était usitée comme antipériodique. Le frêne avait même été désigné sous le nom de quinquina d'Europe. Des fièvres paludéennes et des fièvres intermittentes irrégulières, qui suivent l'accouchement et qui résistent au sulfate de quinine même à haute dose, ont cédé en quelques jours à l'emploi de la faxine qui ne produit ni céphalalgie, ni étourdissements, ni troubles dans les fonctions digestives. Plusieurs médecins l'ont préconisée dans le traitement de la goutte et du rhumatisme.

Mode d'emploi. — Doses.

Pilules de fraxine (Dr Constantin Paul) :

Fraxine....................	1^gr,50.
Extrait de gentiane..........	2 grammes.

En 8 pilules, une toutes les heures.

Poudre de fraxine :

Fraxine....................	1 gramme.
Sucre......................	1 —

Mêlez et divisez en 5 paquets, un toutes les demi-heures.

Sirop de fraxine (Dr Constantin Paul) :

Fraxine....................	5 grammes.
Alcool chaud..............	20 —
Sirop de sucre............	100 —

Trois cuillerées à soupe par jour.

La fraxine se donne à la dose de 1 gramme à 1^gr,50 par jour.

Gentiopicrine. — $C^{20}H^{30}O^{12}$.

Prov. — Glucoside extrait par Kromayer, de la plante du *Gentiana lutea*, Gentianacées.

Descr. — Cristaux soyeux de couleur jaune paille ou incolores, inodore, de saveur extrêmement amère. Soluble dans l'eau et l'alcool, insoluble dans l'éther.

Réactions. — La gentiopicrine donne avec les alcalis une coloration jaune. Elle se dédouble, sous l'influence des acides minéraux dilués, en glycose et une substance amorphe neutre, la gentiogénine.

Prop. phys. — Tonique amer. Fébrifuge.

Prop. thér. — La gentiopicrine agissant aussi efficacement que la quinine sur la rate et ayant une action rapide, peut être employée comme un des succédanés les plus précieux de la quinine. On l'a recommandée comme tonique et fébrifuge; elle peut être administrée avec le plus grand succès dans les fièvres intermittentes et les maladies d'estomac.

Globularine. — $C^{15}H^{20}O^{8}$.

Prov. — Glucoside retiré des feuilles du *Globularia Alypum*, Scrofulariacées, par MM. Heckel et Schlagdenhaufen.

Descr. — Substance amorphe blanche, de saveur amère, soluble dans l'eau, l'alcool et le chloroforme.

Réactions. — La globularine est précipitée de ses solutions aqueuses par le tannin, le brome et l'iode (Walz). Sous l'influence des acides minéraux dilués et à l'ébullition, elle se dédouble en glycose et en un principe résineux, la globularétine, $C^{9}H^{6}O$.

Prop. phys. — La globularine agit sur le cœur et son action se concentre sur le ventricule qui semble battre à vide; les oreillettes sont agitées de mouvements précipités; les membres supérieurs sont agités; si on redonne une nouvelle dose de globularine on rend le cœur globuleux, le mouvement des oreillettes augmente dans de très grandes proportions, tandis que les ventricules ralentissent leur mouvement. La peau devient gluante et se couvre de matières glaireuses.

Prop. thér. — En donnant à l'homme une dose de 15 centigrammes, la globularine augmente la tension artérielle comme la caféine. A dose élevée, 50 centigrammes, elle abaisse la tension artérielle. Il se produit un bien-être et une aptitude spéciale au travail cérébral, l'appétit augmente, et des contractions intestinales s'accusent au point d'en faire un purgatif assez violent.

Glycyphilline. — $C^{21}H^{24}O^{29}$.

Prov. — Glucoside retiré par A. Wright des tiges et des feuilles du *Smilax glycyphylla*, Asparaginées.

Descr. — Cristaux en aiguilles fines et blanches. Insoluble dans le chloroforme, la benzine, l'éther de pétrole; un peu soluble dans l'éther; peu soluble dans l'eau froide, très soluble dans l'eau chaude.

Réactions. — La solution est précipitée par l'acétate basique de plomb, mais non par l'acétate normal. — Les alcalis la dissolvent en donnant un liquide rouge qui brunit à l'air. — Les acides dilués à l'ébullition la dédoublent en isodulcite et en phlorétine $C^{15}H^{14}O^{10}$. La phlorétine par l'ébullition avec la potasse se dédouble en phloroglucol $C^{6}H^{6}O^{3}$ et en acide phlorétique $C^{9}H^{10}O^{3}$.

Prop. thér. — La glycyphilline aurait des propriétés analogues à la glycyrrhizine et pourrait servir à édulcorer les tisanes. Les études faites sur ce produit ne sont ni assez nombreuses ni assez précises pour le voir employer couramment.

Glycyrrhizine. — $C^{24}H^{36}O^{9}$.

Prov. — Glucoside retiré par M. Z. Roussin de la racine du *Glycyrrhiza glabra*, Légumineuses.

Descr. — Écailles lustrées un peu brunes. Saveur très sucrée avec arrière-goût de réglisse. Soluble dans l'eau bouillante, moins dans l'alcool absolu et insoluble dans l'éther. La solubilité est augmentée par addition d'alcalis. Forme une masse poisseuse noire à 110°.

Réactions. — Les solutions aqueuses de glycyrrhizine neutres ou alcalines, sont précipitées par l'acide sulfurique en un composé gommeux, l'acide glycyrrhizique. — Sous l'influence de l'ébullition prolongée la glycyrrhizine se dédouble en glycose et en glycyrrhétine $C^{18}H^{26}O^{4}$.

Prop. thér. — La glycyrrhizine est usitée en thérapeutique pour édulcorer les potions, les sirops. Elle remplace, sous un petit volume et se conservant longtemps, l'infusé de réglisse qui s'altère promptement. Elle possède les propriétés pectorales et adoucissantes de la réglisse.

Gratioline. — $C^{20}H^{34}O^{7}$.

Prov. — Glucoside retiré par Marchand du *Gratiola officinalis*, Scrophulariacées.

Descr. — Substance amorphe, cassante, fusible à 100°. Soluble dans l'alcool et les acides, presque insoluble dans l'eau, insoluble dans l'éther.

Réactions. — La gratioline se colore en présence de l'acide sulfurique en rouge, et en présence de la potasse ou de l'ammoniaque en vert. L'acide sulfurique faible la dédouble en glycose et en gratiolarétine $C^{17}H^{28}O^{3}$ (Walz).

Prop. thér. — La gratioline est douée de propriétés éméto-cathartiques et purgatives très prononcées. C'est un violent drastique, toxique à hautes doses. Les expériences faites avec ce corps ne sont pas assez nombreuses ni assez concluantes pour le faire entrer dans la thérapeutique courante.

Hédérine. — $C^{32}H^{54}O^{11}$.

Prov. — Glucoside extrait par M. Vincent des feuilles de l'*Hedera Helix*, Araliacées.

Descr. — Aiguilles soyeuses incolores, de saveur sucrée ; neutre, lévogyre, fondant à 233°. Très soluble dans l'alcool, la benzine, l'éther, l'acétone bouillants. Insoluble dans l'eau, le chloroforme et le pétrole.

Réactions. — Sous l'influence des acides étendus et bouillant l'hédérine se dédouble en sucre réducteur non fermentescible et l'hédérétine $C^{26}H^{44}O^{6}$, fusible à 280°.

PROP. THÉR. — L'hédérine jouit de propriétés excitantes, emménagogues à l'intérieur et parasiticides à l'extérieur. Son emploi est très limité et elle est très peu usitée en thérapeutique usuelle.

Helléboréine. — $C^{36}H^{44}O^{15}$.

PROV. — Glucoside extrait par Husemann de la racine de l'*Helleborus niger*, Renonculacées, et par Marmé, de l'*Helleborus viridis*.

DESCR. — Cristaux en aiguilles microscopiques blanches de saveur amère, très solubles dans l'eau, moins solubles dans l'alcool, insolubles dans l'éther.

RÉACTIONS. — L'acide sulfurique la colore en rouge cramoisi qui devient violet. Les acides étendus et à l'ébullition la dédoublent en glucose et en helléborétine, substance de couleur bleu violet.

PROP. PHYS. — L'helléboréine possède sur le cœur une action beaucoup plus faible que l'helléborine, mais elle paraît jouir de propriétés stupéfiantes et anesthésiques assez prononcées.

PROP. THÉR. — Venturino et Gasparini ont employé l'helléboréine en solution très diluée, et l'ayant instillée dans le sac conjonctival, ont trouvé qu'elle produisait l'anesthésie complète de la cornée sans produire l'irritation de la conjonctive ou de la cornée; cette anesthésie persistait une demi-heure environ. L'helléboréine produit également l'anesthésie locale aux points où elle a été injectée par voie hypodermique. Mais son action cardio-toxique est trop énergique pour qu'on puisse l'employer ainsi.

MODE D'EMPLOI. — DOSES. — Granulés. Solution hypodermique contenant un milligramme d'helléboréine. Collyre contenant un centigramme de ce glucoside.

Helléborine. — $C^{36}H^{42}O^{6}$.

PROV. — Glucoside extrait de la racine de l'*Helleborus viridis*, Renonculacées, par Marmé.

DESCR. — Elle cristallise en aiguilles blanches, brillantes, groupées autour d'un centre, insipides à l'état sec, mais d'une saveur âcre et brûlante en solution alcoolique. Insoluble dans l'eau, peu soluble dans l'éther, soluble dans l'alcool et le chloroforme.

RÉACTIONS. — En présence des acides dilués et à l'ébullition elle se dédouble en sucre et en une matière résineuse, l'helléboréine $C^{30}H^{38}O^{4}$. — L'acide sulfurique concentré la colore en rouge cerise, couleur qui passe au violet.

PROP. PHYS. — Poison cardiaque et irritant, agissant à la façon de la digitaline. De plus elle est émélo-cathartique, elle provoque l'éternuement, et irrite les muqueuses.

PROP. THÉR. — Employée dans les affections cardiaques, mais les essais n'ont pas démontré une action suffisamment curative pour détrôner les médicaments cardiaques usuels (convallamarine, digitaline, strophanthine, oléandrine, etc.).

MODE D'EMPLOI. — DOSES. — Granules de un milligramme à la dose de 1 à 2 par jour.

Hespéridine. — $C^{22}H^{26}O^{12}$.

PROV. — Glucoside retiré par Tanret des *Citrus Aurantium*, *vulgaris*, *Bigaradia*, Aurantiacées.

DESCR. — Cristallise en belles aiguilles blanches, inodores, insipides; insoluble dans l'éther; peu soluble dans l'alcool, très soluble dans l'acide acétique chaud et les solutions alcalines. Fond à 251° en se décomposant.

RÉACTIONS. — Les acides dilués et à ébullition la dédoublent en hespérétine $C^{16}H^{14}O^{6}$ et glycose. L'hespérétine elle-même se dédouble sous l'influence de la potasse en phloroglucine et en acide hespérétique $C^{10}H^{10}O^4$.

L'acide sulfurique concentré la colore en rouge.

PROP. THÉR. — Cette substance posséderait des propriétés fébrifuges et stimulantes qui auraient besoin d'être vérifiées.

Hydrangine. — $C^{34}H^{25}O^{11}$.

PROV. — Glucoside obtenu par Bondurant des racines de l'*Hydrangea arborescens*, Saxifragées.

PRÉP. — L'extrait alcoolique de la racine d'hydrangea est traité par une solution à 1 p. 100. On agite le liquide obtenu avec du chloroforme, qui sépare une matière colorante, puis avec de l'éther qui dissout le glucoside.

DESCR. — Matière blanche amorphe, soluble dans l'éther, l'alcool et l'eau. Fond à 228°.

RÉACTIONS. — L'hydrangine se dissout dans l'acide sulfurique concentré avec une fluorescence rouge violette, dans les alcalis avec une couleur opaline bleu intense, dans l'acide acétique concentré avec une fluorescence légère qui devient plus apparente en la diluant avec 10 volumes d'eau.

PROP. THÉRAP. — On lui attribue une action favorable contre la gravelle et les maladies des voies urinaires.

MODE D'EMPLOI. — DOSES. — Pilules d'hydrangine de 60 centigrammes à la dose de 1 à 3 par jour.

Ipoméine. — $C^{78}H^{132}O^{36}$.

PROV. — Glucoside extrait par Kromer des racines de l'*Ipomœa pandurata*, Convolvulacées.

DESCR. — Corps amorphe incolore, insoluble dans l'éther, le chloroforme et l'éther de pétrole, facilement soluble dans l'alcool et l'acide acétique.

RÉACTIONS. — Par l'action des bases, il se transforme en un acide volatil C^5H^8O et en acide ipoméique $C^{34}H^{62}O^{18}$. Par l'action des acides il forme de la glycose et de l'acide ipoméolique cristallisable.

PROP. THÉR. — On emploie en Amérique ce glucoside contre les affections calculeuses.

Isohespéridine. — $C^{22}H^{26}O^{12}+2H^2O$.

PROV. — Glucoside retiré par Ch. Tanret des *Citrus Aurantium*, *vulgaris* et *Bigaradia*, Aurantiacées.

DESCR. — Cristaux en aiguilles microscopiques, de saveur amère; à peine soluble dans l'eau froide, se dissout dans la moitié de son poids d'eau bouillante, dans 9 parties d'alcool à 90° ou d'éther acétique froid ou une partie de ces corps bouillants.

RÉACTIONS. — Mêmes réactions que l'hespéridine (Voy. ce mot).

PROP. THÉR. — Cette substance est un produit de laboratoire qui possède des propriétés fébrifuges et stimulantes qui ont besoin d'être vérifiées.

Jalapine. — $C^{34}H^{56}O^{16}$.

PROV. — Glucoside retiré par Mayer de la racine de jalap, Convolvulacées, et par Spergatis de la résine de scammonée.

DESCR. — Substance amorphe blanche; insoluble dans l'éther, le pétrole, la benzine, soluble dans l'alcool et les solutions alcalines, peu soluble dans l'eau et le chloroforme.

RÉACTIONS. — L'acide nitrique convertit la jalapine en acide oxalique et acide sébacique. Sous l'influence de l'acide chlorhydrique et de l'ébullition, la jalapine se dédouble en glycose et en acide jalapinilique $C^{16}H^{30}O^3$.

$$\underset{\text{Jalapine.}}{C^{34}H^{56}O^{16}} + 5H^2O^2 = \underset{\text{Glycose.}}{3C^6H^{12}O^6} + \underset{\text{Acide jalapinilique.}}{C^{16}H^{30}O^3}.$$

PROP. PHYS. — Purgatif.

PROP. THÉR. — On se sert avec les plus grandes chances de succès de la jalapine dans toutes les conditions où il est nécessaire d'opérer une déviation sur l'intestin et principalement dans les inflammations méningitiques, cérébrales et pulmonaires. Elle s'administre sous un petit volume et purge plus facilement que les sels alcalins.

Plusieurs praticiens la préconisent comme tonique du cæcum dans les dyspepsies intestinales.

MODES D'EMPLOI. — DOSES.

Cachets de Jalapine :

Jalapine	0gr,10
Sucre de lait	1 gramme.

Mêlez. F. S. A. 10 cachets médicamenteux.

Lavement à la Jalapine:

Jalapine	1 gramme.
Alcool	49 grammes.
Glycérine	49 —

F. S. A. des lavements contenant 0gr,01 de jalapine.

Pilules de Jalapine :

Jalapine	0gr,10
Extrait de gentiane	1 gramme.

F. S. A. 10 pilules. Dose : Une à 2 pilules, d'heure en heure, jusqu'à effet.

Lokaïne. — $C^{28}H^{34}O^{17}$.

PROV. — Glucoside extrait par Cloëz et Guignet du *Rhamnus catharticus* et autres espèces de Rhamnacées.

DESCR. — Substance amorphe bleu foncé.

Réactions. — Avec la magnésie, la solution de lokaïne donne une laque magnésienne d'un vert bleuâtre, soluble dans l'acide acétique. Sous l'influence des acides minéraux et en ébullition la lokaïne se dédouble en glycose et en lokaétine.

Prop. thér. — La lokaïne est plutôt la matière colorante des Rhamnées ; elle possède bien des propriétés purgatives très prononcées, mais son emploi est resté confiné aux expériences physiologiques, sans être entré dans la thérapeutique courante.

Lupiniine. — $C^{58}H^{32}O^{32} + 7HO$. Eq.

Prov. — Glucoside extrait de la partie herbacée et des semences du *Lupinus luteus*, par Schulze et Barbier. Il accompagne un alcaloïde portant le même nom.

Réactions. — Par les acides concentrés il se dédouble en glycose et en lupigénine $C^{34}H^{12}O^{12}$.

Prop. thér. — La lupiniine a des propriétés fébrifuges et a été préconisée contre les fièvres intermittentes, mais sans trop de succès. Des expériences vérificatrices ont besoin d'être entreprises.

Mégarrhizine.

Prov. — Glucoside extrait par M. Heanay de la racine de *Megarrhiza californica*, Cucurbitacées.

Descr. — Substance amorphe brune, friable, transparente. Fond à 99°. Insoluble dans l'éther. Soluble dans l'alcool et dans l'eau ; ses solutions ont une saveur extrêmement amère.

Réactions. — L'acide sulfurique donne une coloration rouge, l'acide chlorhydrique une coloration violette, l'acide azotique une coloration jaune orangé. Les acides minéraux dilués et à l'ébullition la dédoublent en glycose et en megarrhizitine.

Prop. phys. — La mégarrhizine a les mêmes propriétés physiologiques que la colocynthine et la bryonine.

Prop. thér. — On emploie la mégarrhizine comme cathartique, hydragogue et diurétique dans l'hydropisie où elle peut rendre de très grands services. Malgré sa grande activité on peut l'employer dans tous les cas où il est nécessaire d'agir énergiquement sur l'intestin pour obtenir des évacuations abondantes ; mais il faut éviter de l'employer quand l'intestin est enflammé.

Mode d'emploi. — Doses. — Pilules d'un centigramme à la dose d'une pilule.

Mélanthine. — $C^{20}H^{33}O^{7}$.

Prov. — Glucoside retiré par Gœnish des semences du *Nigella sativa*, Renonculacées.

Descr. — Poudre amorphe, blanche, âcre à la gorge et aux narines, de saveur amère. Insoluble dans l'eau, la benzine, l'éther, l'éther de pétrole, le sulfure de carbone, un peu soluble dans le chloroforme, soluble dans l'alcool surtout à chaud et dans les solutions alcalines, d'où la précipitent les acides. Fond à 205°. Ses solutions moussent.

Réactions. — Avec l'acide sulfurique concentré on obtient une couleur rouge rose, puis rouge violet. Perchlorure de fer : coloration vert jaunâtre. Acide nitrique, coloration orange, puis jaune. Sous l'influence des acides dilués et à ébullition, la mélanthine se dédouble en glycose et en mélanthigénine $C^{14}H^{23}O^{2}$.

Prop. phys. — La mélanthine est emménagogue, galactagogue et anthelminthique. Elle élève la température, accélère les mouvements du pouls et stimule toutes les sécrétions, surtout celles de la peau et du rein.

Prop. thér. — On emploie la mélanthine comme

diurétique et diaphorétique; elle a une action emménagogue très prononcée dans la dysménorrhée. Enfin on l'emploie comme stomachique pour stimuler la digestion et comme carminatif.

Ményanthine. — $C^{30}H^{46}O^{14}$.

PROV. — Glucoside obtenu par Kromayer et Nativelle du *Menyanthes trifoliata*, Gentianacées.

DESCR. — Aiguilles longues, blanches, à éclat satiné, de saveur amère, peu solubles dans l'eau froide, insolubles dans l'éther, très solubles dans l'eau chaude, l'alcool, les alcalis, les acides.

RÉACTIONS. — Soumise à l'action des acides dilués et à l'ébullition, la ményanthine se dédouble en glycose et en ményanthol $C^{8}H^{8}O$.

PROP. PHYS. — Tonique amer, fébrifuge.

PROP. THÉR. — La ményanthine est recommandée comme tonique et fébrifuge et peut être administrée avec succès contre les fièvres intermittentes. Elle agit aussi efficacement sur la rate que la quinine et est un précieux succédané de cet alcaloïde.

Morindine. — $C^{28}H^{30}O^{15}$.

PROV. — Glucoside retiré par Anderson de la racine des *Morinda citrifolia* et *tinctoria*, Rubiacées.

DESCR. — Cristaux en aiguilles jaunes, satinées, solubles dans l'eau bouillante et se reprécipitant par refroidissement. Elle est peu soluble dans l'alcool, insoluble dans l'éther.

RÉACTIONS. — Dans les alcalis elle se dissout avec une coloration rouge orangé. Chauffée avec de l'acide sulfurique elle donne une coloration rouge pourpre violacée; avec l'acide nitrique à froid, coloration rouge. Avec le perchlorure de fer couleur brune. La morindine avec ébullition, avec les acides dilués ou chauffée en vase clos, donne de la glycose et un corps appelé morindone $C^{14}H^{8}O^{3}$.

Prop. thér. — La morindine est employée comme fébrifuge et emménagogue. Son action peu certaine l'a laissé tomber dans l'oubli.

Murrayine. — $C^{18}H^{22}O^{10}$.

Prov. — Glucoside retiré par De Vrij du *Murraya exotica*, Rutacées.

Descr. — Cristaux en petites aiguilles blanches, un peu amères, peu solubles dans l'eau froide, solubles dans l'eau chaude et dans l'alcool, insolubles dans l'éther. Fond à 170°.

Réactions. — Les alcalins la dissolvent en donnant une coloration jaune et une fluorescence verte. Les acides étendus et à ébullition la dédoublent en glycose et en murrayétine $C^{12}H^{12}O^{10}$ et la solution est verte et fluorescente.

Prop. phys. — La murrayine est sans action sur l'économie ; elle se retrouve en grande partie dans les urines ; les urines ne renferment pas de sucre

Naringine. — $C^{21}H^{26}O^{11} + 4H^{2}O$.

Syn. — Aurantiine.

Prov. — Glucoside extrait par de Vrij du *Citrus decumana*, Aurantiacées.

Descr. — Masse cristalline à peine colorée en jaune, de saveur amère. Fond à 118°. Pouvoir rotatoire lévogyre. Soluble en toutes proportions dans l'eau à 68° ; assez soluble dans l'alcool et l'acide acétique, insoluble dans l'éther, le chloroforme et la benzine.

Réactions. — Le perchlorure de fer donne dans ses solutions une coloration rouge brun intense. Les alcalis colorent la naringine en jaune orangé. Les acides minéraux à ébullition la dédoublent en glucose et naringénine $C^{17}H^{14}O^{6}$.

Prop. thér. — Cette substance est un produit de laboratoire qui possède des propriétés fébrifuges et stimulantes qui ont besoin d'être vérifiées.

Nériantine.

Glucoside extrait par Schmiedeberg des feuilles du *Nerium Oleander*, Apocynacées.

Descr. — Petits grains agrégés blancs ou légèrement jaunâtres. Soluble dans l'eau, l'éther, l'alcool, le chloroforme.

Réactions. — Sous l'influence des acides dilués la nériantine se dédouble en glycose et en nériantogénine. Elle donne les mêmes réactions colorées et avec les mêmes réactifs que la digitaline.

Prop. phys. et thér. — La nériantine possède les mêmes propriétés physiologiques et thérapeutiques que la digitaline. (Voir ce mot.)

Nériine.

Prov. — Glucoside extrait par Schmiedeberg des feuilles du *Nerium Oleander*, Apocynacées.

Descr. — Substance blanche, friable, soluble dans l'eau et l'alcool, insoluble dans le chloroforme, l'éther et la benzine.

Réactions. — Par ébullition avec l'acide chlorhydrique la solution devient jaune. Toutes les réactions colorées et de dédoublement données par la nériine sont les mêmes que celles données par la digitaléine.

Prop. phys. et thér. — La nériine possède toutes les propriétés physiologiques et thérapeutiques de la digitaléine (voir ce mot) et s'emploie aux mêmes doses, mais les expériences ne sont pas encore assez décisives pour voir ce produit entrer dans la thérapeutique courante.

Ouabaïne. — $C^{30}H^{46}O^{12}$.

PROV. — Glucoside découvert par M. Arnaud dans le bois et la racine de l'*Acocanthera ouabaio*, Apocynacées; le même auteur l'a retirée du *Strophanthus glaber* du Gabon.

DESCR. — Corps blanc inodore, peu amer, un peu soluble dans l'eau froide, mais entièrement soluble dans l'eau bouillante. Son meilleur dissolvant est l'alcool concentré et chauffé modérément. Insoluble dans le chloroforme, l'alcool absolu et l'éther anhydre. Fond à 200°.

RÉACTIONS. — En présence des acides minéraux, elle se dédouble en glycose et un principe résineux.

PROP. PHYS. — Toxique du cœur; 2 milligrammes d'ouabaïne tuent un chien de 12 kilos en quelques minutes.

PROP. THÉR. — L'ouabaïne a été préconisée avec succès contre la coqueluche; les accès sont devenus moins fréquents et moins graves. Sans guérir, l'ouabaïne donne de bons résultats dans tous les stades de cette affection. Dans la première période, elle diminue la durée des accès; dans la deuxième période elle rend l'affection moins grave et dans la troisième elle abrège la convalescence.

MODE D'EMPLOI. — DOSES. — Adultes 1/10 de milligramme et pour les enfants 1 dix-millième de gramme soit 0gr,00006 et au maximum 0gr,00025.

Phlorhizine. — $C^{21}H^{24}O^{10} + 2H^2O$.

PROV. — Glucoside retiré par Koninck de l'écorce des racines de pommier, poirier et cerisier, Rosacées.

PRÉP. — On traite la poudre d'écorce de racine de pommier par de l'alcool étendu; la solution décolorée par le noir animal est concentrée et laisse ensuite déposer des cristaux de phlorhizine par refroidissement.

Descr. — Longues aiguilles soyeuses aplaties. Fond à 109°. Saveur amère. Peu soluble dans l'eau froide, très soluble dans l'eau bouillante, soluble dans l'alcool et l'alcool méthylique, insoluble dans l'éther.

Réactions. — L'acide chlorhydrique donne une substance amorphe rouge sale. L'acide sulfurique la colore en jaune, puis en brun ou rouge. Les acides dilués la dédoublent à l'ébullition en glucosane et phlorétine.

Prop. phys. — La phlorhizine possède la propriété de déterminer un diabète physiologique ou expérimental qui cesse peu de temps après la cessation de son emploi. Une dose de 5 décigrammes par kilo d'animal est susceptible de produire cet effet.

Prop. thér. — On l'emploie contre les fièvres intermittentes rebelles.

Mode d'emploi. — Doses. — Pilules de phlorhizine de 0gr,10 à la dose de 1 à 10 par jour.

Rhamnégine α. — $C^{48}H^{60}O^{29} + H^2O$.

Syn. — Xanthorhamnine.

Prov. — Glucoside extrait par Schützenberger des graines d'Avignon et de Perse, Rhamnacées, par M. Lefort, des fruits du *Rhamnus infectorius* et *Rhamnus tinctorius*, Rhamnacées.

Descr. — Aiguilles jaunes, soyeuses, insipides, inodores, insolubles dans l'éther, solubles dans l'alcool et l'eau.

Réactions. — Sous l'influence des acides la xanthorhamnine se dédouble en rhamnétine et isodulcite. La rhamnétine qui est jaune, insoluble dans l'eau et l'éther, se dédouble elle-même en phloroglucine et acide quercétique quand on la fait fondre en présence de la potasse.

Prop. phys. et thér. — La rhamnégine est un excellent cathartique donnant lieu à des selles séreuses et qui serait fort utile dans les hydropisies, mais son usage ne s'est pas répandu et son emploi n'a pas quitté le domaine de l'expérimentation.

Rhinacanthine. — $C^{14}H^{18}O^{4}$.

PROV. — Glucoside extrait par Liborius de la racine de *Rhinacanthus communis*, Acanthacées.

DESCR. — Masse résineuse, amorphe, rouge cerise, inodore, insipide, insoluble dans l'eau,.soluble dans l'alcool.

RÉACTION. — L'éther agité avec la solution alcoolique acidifiée par de l'acide acétique se colore en vert clair, et, si on ajoute de la potasse, il se colore en rouge.

PROP. PHYS. — Antiherpétique.

PROP. THÉR. — Employé contre les maladies de peau, contre l'herpès, l'acné.

MODE D'EMPLOI. — DOSE. — Pilules de 5 milligrammes de 1 à 3 fois par jour.

Rhinantine. — $C^{29}H^{52}O^{20}$.

PROV. — Glucoside retiré par Ludwig du *Rhinanthus buccalis*, Scrofulariacées.

DESCR. — Cristaux rhombiques, brillants, à saveur douce et âcre. Soluble dans l'eau et l'alcool.

RÉACTIONS. — L'acide azotique colore la rhinanthine en brun foncé. Sous l'influence des acides elle se dédouble en sucre et en rhinanthogine incristallisable, insoluble dans l'eau, de couleur brune et colorant l'alcool en vert.

PROP. PHYS. ET THÉR. — La plante jouit de propriétés résolutives. Les expériences physiologiques et thérapeutiques tentées avec le glucoside sont assez incertaines pour permettre d'introduire cette substance dans la thérapeutique courante.

Robinine. — $C^{25}H^{30}H^{16}+5\ 1/2\ H^{2}O$.

PROV. — Glucoside obtenu par Swenger et Droncke des feuilles du *Robinia Pseudacacia*, Robinier, Légumineuses.

DESCR. — Cristallise en aiguilles fines, soyeuses, jaune paille. Peu soluble dans l'eau froide, l'alcool froid ; insoluble dans l'éther, soluble dans l'eau bouillante qui se colore en jaune, plus soluble dans l'alcool bouillant.

RÉACTIONS. — Les alcalis donnent une solution couleur or. La robinine réduit à chaud la liqueur de Fehling, le chlorure d'or et le nitrate d'argent. Les acides dilués à l'ébullition la dédoublent en glucine et en quercétine.

PROP. PHYS. — La robinine est fébrifuge et antispasmodique.

PROP. THÉR. — La robinine est préconisée contre les fièvres intermittentes. Son emploi ne s'est pas répandu dans la thérapeutique courante.

Rotoïne. — $C^{24}H^{30}O^{15}+^{2}H^{2}O^{2}$.

SYN. — Scopoline.

PROV. — Glucoside découvert par Eykman dans la racine de *Scopolia japonica*, vulgo *Roto*, Solanacées.

DESCR. — Cristaux en aiguilles prismatiques, fondant à 199°. Soluble dans le chloroforme, l'acide acétique, l'alcool chaud, l'eau bouillante ; moins soluble dans l'eau froide. Ses solutions, aqueuse ou alcoolique, ont une magnifique fluorescence bleue, passant au vert par l'addition d'un alcool.

RÉACTIONS. — Sous l'influence des acides étendus et à l'ébullition, la scopoléine se dédouble en glycose et en scopolétine $C^{22}H^{10}O^{5}$.

PROP. PHYS. — Mydriatique dont l'action dure longtemps (huit jours environ).

PROP. THÉR. — La scopoline présente des propriétés mydriatiques égales à celles de l'atropine dans le traitement de l'iritis, de la kératite, des ulcères de la cornée, dans des cas de kératite interstitielle grave, dans l'iritis rhumatismal. La scopoline diminue la douleur et n'a jamais occasionné d'irritation.

MODE D'EMPLOI. — DOSES.

Collyre à la Rotoïne (Dr Warnig) :

Rotoïne....................	0gr,05.
Eau distillée..............	30 grammes.

Instiller quelques gouttes sur le globe de l'œil.

Rutine. — $C^{42}H^{50}O^{25}+3H^2O$.

SYN. — Phytoméline. Méline.

PROV. — Glucoside retiré par Weiss des feuilles du *Ruta graveolens*, Rutacées; on la retrouve dans le *Sophora japonica*, Légumineuses.

DESCR. — Cristaux en aiguilles fines, d'un jaune clair, peu solubles dans l'eau et l'alcool froid, très solubles dans ces liquides bouillants, qu'il colore en jaune et dans les alcalis. Fond à 190°.

RÉACTIONS. — Le perchlorure de fer le colore en vert foncé et le protosulfate de fer en rouge brun. La rutine se dédouble sous l'influence des acides en sucre et en quercétine, ce qui présente une grande analogie avec le quercétion.

PROP. PHYS ET THÉR. — La rutine est stupéfiante, antispasmodique et antihémorrhagique. A doses élevées elle détermine la mort en occasionnant des vomissements, des coliques violentes, des selles sanguinolentes et du ténesme. Les expériences thérapeutiques qu'on a tentées avec cette substance ne sont pas assez concluantes pour la faire entrer dans la thérapeutique courante.

Salicine. — $C^{13}H^{18}O^{7}$.

Syn. — Glucoside saligénique.

Prov. — Glucoside retiré par Leroux, des *Salix Helix*, *pentandra*, *præcox*, Salicinées, par Buchner de la *Spirea ulmaria*, Rosacées.

Descr. — Aiguilles brillantes, fusibles à 120°, moyennement solubles dans l'eau et l'alcool, insolubles dans l'éther. Sa saveur est fort amère. Elle dévie à droite le plan de polarisation.

Réactions. — L'acide sulfurique concentré colore la salicine en rouge sang, cette coloration disparaît par addition d'eau.

La salicine bouillie avec les acides minéraux étendus se dédouble en saligénine $C^{14}H^{8}O^{4}$ et glycose ordinaire, l'émulsine fait le même dédoublement.

La salicigénine elle-même, sous l'influence des alcalis concentrés, donne de nouveau de la glycose et de la salicétine.

Prop. phys. — Antipériodique.

Prop. thér. — Avant la découverte du quinquina on employait en France le frêne, tandis qu'en Italie, en Espagne et en Allemagne, on employait le saule, et depuis la découverte de la salicine, en 1822, dans ces divers pays, on emploie la salicine comme fébrifuge. La salicine est avantageuse, non seulement contre les fièvres intermittentes, mais encore dans les affections à marche périodique ; elle ne fatigue pas l'estomac comme la quinine. Seulement la salicine ne coupe pas la fièvre d'emblée : elle en diminue progressivement les accès; elle ne donne pas les perturbations nerveuses que présente la quinine, enfin elle peut être donnée à des femmes enceintes, des sujets très jeunes ou très âgés et même cachectiques.

Mode d'emploi. — Doses.

Cachets à la Salicine :

Salicine	1	gramme.
Sucre de lait	1	—

Mêlez. — F. S. A. 3 cachets à prendre en 3 fois à une demi-heure d'intervalle.

Pilules de Salicine.

Salicine	1	gramme.
Extrait de chiendent	1	—

F. S. A. 6 pilules. En prendre 2 chaque demi-heure.

Sirop de Salicine :

Salicine	5	grammes.
Eau bouillante	50	—
Sucre	100	—

A prendre par cuillerées.

Solution de Salicine :

Salicine	3	grammes.
Alcool	30	—
Eau	10	—

Mèlez. — A prendre en 6 fois entre les accès de fièvre.

Dose : de 1 à 3 grammes dans l'intervalle d'un accès à l'autre et que l'on doit donner en une ou plusieurs fois.

Saponine. — $C^{19}H^{30}O^{10}$.

Syn. — Sénégine.

Prov. — Glucoside découvert par Bussy dans le *Saponaria officinalis*, Caryophyllacées. Ce glucoside a été retrouvé dans le *Silene inflata*, Caryophyllacées, par Bley, le *Gypsophila Struthiun*, Caryophyllacées, par Schwartz, l'*Agrostemma Githago*, Caryophyllacées, par Malapert, les racines de *Polygala Senega*, Polygalacées, par Quévenne, le *Quillaia saponaria*, Rosacées, par Bolley et Christophsonn.

DESCR. — Poudre blanche de saveur âcre, piquante; elle provoque l'éternuement. Soluble dans l'eau en toutes proportions en donnant une solution louche et moussant par l'agitation. Insoluble dans l'éther, soluble dans l'alcool faible, presque insoluble dans l'alcool fort.

RÉACTIONS. — Le sous-acétate de plomb donne avec une solution de saponine un précipité abondant, caillebotté, qui se dissout dans un excès de dissolution de saponine.

L'hydrogène sulfuré ne précipite pas le plomb de cette solution. En présence des acides étendus, la saponine se dédouble en sucre et en sapogénine $C^{14}H^{22}O^{2}$.

PROP. PHYS. — Injectée sous la peau, la saponine produit des effets dangereux et toxiques, avec inflammation érysipélateuse, œdème des membres postérieurs, céphalalgie grave du côté gauche, douleur intense de l'œil et des extrémités, abaissement notable de température, dépression générale, sécheresse de la gorge.

Prise par la bouche la saponine à la dose de 1 à 2 centigrammes produit la tendance continuelle à tousser et la sécrétion muqueuse exagérée du larynx et des bronches pendant plusieurs heures. Les sécrétions cutanées et rénales ne sont pas influencées. Elle agit sur la moelle en déterminant des symptômes tétaniques et sur le cœur en diminuant le nombre des battements du cœur et la pression artérielle.

Mise en contact avec la peau, la saponine y

détermine de l'irritation et de l'inflammation.

PROP. THÉR. — La saponine peut être employée comme médicament antipyrétique et sous forme d'injection à titre de révulsif énergique.

DOSE MAXIMUM. — 6 centigrammes par voie hypodermique.

Sinalbine. — $C^{30}H^{44}Az^2S^2O^{16}$.

PROV. — Glucoside retiré par Laubenheimer des semences du *Sinapis alba*, Crucifères.

DESCR. — Cristaux en petites aiguilles brillantes à peine colorées en jaune. Très soluble dans l'eau et l'alcool bouillant, presque insoluble dans l'alcool absolu froid, insoluble dans l'éther et le sulfate de carbone.

RÉACTIONS. — Les alcalis la colorent en jaune. Cette coloration passe au rouge sang par l'addition d'acide nitrique. Le nitrate d'argent, puis l'hydrogène sulfuré dédoublent la sinalbine en glycose, soufre, sulfate de sinalbine et phénylacétonitrile.

$$C^{30}H^{44}Az^2S^2O^{16} = S + C^6H^{12}O^6 + C^{14}H^{23}AzH^2SO^4 + C^8H^7AzO.$$

PROP. THÉR. — La sinalbine en présence de l'émulsine et de l'eau donne une action révulsive sur la peau et peut être employée dans les cas où le sinapisme doit être appliqué.

Smilacine. — $C^{100}H^{160}O^{50} + 12H^2O$.

SYN. — Salsaparine. Salsaparilline.

PROV. — Glucoside extrait par Merck du *Smilax Sarsaparilla*, Asparaginées.

DESCR. — Substance blanche amorphe qui, par l'addition d'une petite quantité d'eau, se gonfle en formant une masse ressemblant à la gomme et qui avec beaucoup d'eau forme une liqueur qui, examinée au polarimètre, donne un pouvoir rotatoire gauche $= -26°,5$.

Réactions. — L'acide sulfurique la colore en rouge, puis en violet, puis en jaune. Sous l'influence des acides minéraux et à l'ébullition, elle se dédouble en sucre et en parigénine, et le liquide prend une belle teinte vert foncé.

Prop. thér. — La smilacine est plutôt un produit de laboratoire de chimie qu'une substance active. Les expériences thérapeutiques essayées jusqu'à ce jour avec ce corps n'ont dévoilé aucune action thérapeutique spéciale.

Solanine. — $C^{86}H^{71}AzO^{32}$.

Syn. — Glucoside solanidique.

Prov. — Glucoside extrait des baies de morelle, des *Solanum Dulcamara*, *Solanum ferox*, *Solanum Lycopersicum*, des jeunes pousses de *Solanum tube rosum*.

Prép. — On exprime le suc des germes étiolés de pommes de terre et on l'additionne de lait de chaux en excès, la solanine est précipitée, on filtre, et après avoir desséché la partie insoluble on l'épuise par l'alcool bouillant qui donne par refroidissement de la solanine cristallisée (Desfossés).

Descr. — Aiguilles fines et soyeuses, incolores; possède la propriété des alcaloïdes. Insoluble dans l'eau, peu soluble dans l'éther et dans l'alcool froid. Fond à 240°.

Réactions. — La solanine a une faible réaction alcaline et forme des sels avec les acides.

Soumise à l'action des acides minéraux étendus et bouillant elle se dédouble nettement en glycose et en un alcaloïde, la solanidine $C^{50}H^{41}AzO^{2}$. Il se forme trois équivalents de glycose.

Traitée par l'amalgame de sodium et l'eau elle

donne de la nicotine $C^{20}H^{14}Az^2$ et de l'acide butyrique $C^8H^8O^4$.

PROP. PHYS. — La solanine possède une action anesthésique sur les extrémités du plexus pulmonaire, diminue la sensibilité des muqueuses des bronches et ralentit la respiration. Elle modère d'abord le pouls puis elle l'accélère ; elle possède une action irritante sur l'estomac. A fortes doses elle occasionne des vomissements, de la colique et de la constipation ; à faible doses c'est un laxatif. Elle possède des propriétés narcotiques.

PROP. THÉR. — On emploie la solanine contre la sciatique, les névralgies, les rhumatismes, la goutte, la cystite, l'asthme cardiaque, la bronchite, la coqueluche, toutes les affections spasmodiques, les douleurs d'estomac, la dyspepsie et le prurigo.

MODES D'EMPLOI.

Cachets de Solanine (Dr C. Paul) :

Solanine	1 gramme.
Sucre	1 —

En 10 cachets.

Pilules de Solanine (Dr C. Paul) :

Solanine	2 grammes.
Extrait de gentiane	1 gramme.
Extrait de réglisse	Q. S.

En 20 pilules.

Sirop de Solanine (Dr C. Paul) :

Solanine	2 grammes.
Acide chlorhydrique	X gouttes.
Sirop simple	150 grammes.
Essence de menthe	I goutte.

Solution hypodermique de solanine (Dr C. Paul) :

Solanine..................	2 grammes.
Acide chlorhydrique........	II gouttes.
Eau distillée..............	18 grammes.

Il contient 10 centigrammes de solanine.

DOSES. — La dose journalière de la solanine par voie buccale ou hypodermique est de 15 milligrammes à 3 centigrammes.

Sophorine.

PROV. — Glucoside découvert par Fœrster dans la graine de Chine, fournie par les bourgeons du *Sophora japonica*, Légumineuses.

DESCR. — Corps cristallisé en tables incolores, soluble dans l'eau bouillante, insoluble dans l'éther.

RÉACTIONS. — La sophorine à l'ébullition et sous l'influence des acides minéraux dilués se dédouble en isodulcite et en sophorétine.

PROP. PHYS. — Purgatif énergique.

PROP. THÉR. — La sophorine peut être employée comme purgatif drastique dans tous les cas où on peut employer la colocynthine, la bryonine, la jalapine, etc., dont la sophorine n'est qu'un succédané et s'emploie aux mêmes doses.

Strophanthine. — $C^{31}H^{48}O^{12}$.

PROV. — Glucoside retiré par MM. Arnaud et Catillon des semences du *Strophanthus hispidus*, Apocynacées.

PRÉP. — M. Catillon l'a préparé en faisant cristalliser dans le vide une solution d'extrait préparé en épuisant par de l'alcool à 70° les semences préalablement privées de la matière grasse par l'éther. Le strophanthus glabre donne 45 à 50 grammes de strophanthine par kilo, tandis que le strophanthus kombé en donne seulement 4gr,5 à 9 grammes.

DESCR. — La strophanthine cristallise en aiguilles. Réaction neutre. Pouvoir rotatoire dextrogyre. Soluble dans trois à quatre fois son poids d'alcool absolu à chaud, et de treize fois son poids d'alcool froid, et quarante fois son poids d'eau.

RÉACTIONS. — L'acide sulfurique la colore en vert puis en jaune; si on ajoute un cristal de bichromate de potasse on obtient une coloration bleue. Avec l'acide phosphomolybdique on obtient au bout de plusieurs heures une coloration verte qui passe au bleu par addition d'eau. Les acides dilués à l'ébullition la dédoublent en glycose et en strophanthidine $C^{30}H^{46}O^{12}$ (Fraser).

PROP. PHYS. — La strophanthine est tellement active que son pouvoir toxique est de un demi-milligramme pour 1 kilo d'animal : c'est un poison du cœur analogue à la digitaline, à la scillitine et à l'adonidine; elle paralyse les nerfs du cœur, et aucune action étrangère ne peut faire revenir le cœur de cette action.

PROP. THÉR. — Le Dr Fraser emploie la strophanthine à la place de la digitaline; elle accélère comme elle les mouvements du cœur, et de plus elle a l'avantage de ne pas contracter les artérioles. Cette action a été confirmée par MM. Huchard et Dujardin-Beaumetz, qui ont constaté qu'ils étaient en présence d'un excellent toxique du cœur aussi actif que la digitale et réellement diurétique. M. Bucquoy obtient des effets très utiles sur les cœurs fatigués, et les asystoliques. La diurèse est plus rapide que celle produite par la digitale, mais non moins énergique.

MODE D'EMPLOI. — Granules à 1/10 de milligramme. Un granule par dose et cinq au maximum en 24 heures.

Syringine. — $C^{17}H^{24}O^{9}$.

Syn. — Méthylconiférine.

Prov. — Glucoside retiré par Bernays du *Syringa vulgaris*, Oléacées.

Descr. — Cristallise en longues aiguilles incolores, groupées en étoiles. Fond à 215°. Très soluble dans l'eau chaude et dans l'alcool, insoluble dans l'éther.

Réactions. — Avec l'acide azotique la syringine donne une coloration rouge sang. Avec l'acide sulfurique une solution de syringine prend une couleur bleue magnifique qui passe au violet par une nouvelle addition d'acide. Par le repos le liquide abandonne des flocons bleus, et si on étend d'eau on obtient de volumineux flocons gris se dissolvant dans l'alcool qui est coloré en rouge ; de même pour l'ammoniaque.

Par l'ébullition avec les acides la syringine se dédouble en glycose et en syringénine $C^{13}H^{18}O^{5}$.

Prop. thér. — Les propriétés purgatives attribuées par certains auteurs à la syringine sont douteuses. Aucune expérience physiologique ou thérapeutique n'a été tentée avec ce corps.

Tanghinine.

Glucoside extrait par M. Arnaud de l'amande du fruit du *Tanghinia veneniflua*, Apocynacées.

Descr. — Corps soluble dans 200 parties d'eau, très soluble dans l'alcool et l'éther, et déviant à gauche le plan de polarisation. En présence de l'eau il se gonfle en donnant un mucilage épais et tenace.

Prop. phys. — Son action physiologique se rapproche de celle de la strophanthine et de l'ouabaïne et en fait un poison cardiaque, avec cette différence qu'il provoque des convulsions générales.

Thévétine. — $C^{54}H^{84}O^{24} + 3H^2O$.

PROV. — Glucoside retiré par Blass des graines de *Thevetia nereifolia*, Apocynacées.

DESCR. — Poudre blanche, en lamelles inodores, très amères; soluble à 15° dans 120 parties d'eau, plus soluble dans l'eau bouillante, insoluble dans l'éther, soluble dans l'alcool et l'acide acétique. Fond à 170°. Pouvoir rotatoire lévogyre.

RÉACTIONS. — La thévétine donne une coloration rouge avec l'acide sulfurique, puis violette. Elle se décompose, par les acides, en glycose et en thévérésine ($C^{48}H^{90}O^{17}$), qui est soluble dans l'alcool, insoluble dans l'eau, la benzine et le chloroforme; la thève, poudre blanche de saveur très amère, se colorant en jaune par les alcalis.

Warden (de Calcutta) a isolé un autre glucoside et une matière colorante pseudo-incan. Cette matière colorante jaune devient bleue par l'acide chlorhydrique concentré, et possède toutes les propriétés des glucosides; aussi Warden la désigne du nom de *thévétine bleue.*

PROP. PHYS. — Les graines et l'écorce sont éméto-cathartiques. La thévétine est un poison cardiaque agissant sur les nerfs pour amener la paralysie.

MODE D'EMPLOI. — DOSES. — On emploie la thévétine comme antipériodique dans les fièvres intermittentes, en pilules de 1 milligramme.

A forte dose, c'est un toxique stupéfiant énergique.

Thuyine. — $C^{20}H^{22}O^{12}$.

PROV. — Glucoside extrait par Cavalier des parties vertes du *Thuya occidentalis*, Conifères.

DESCR. — Cristaux en tables quadrilatères microscopiques, jaune citron; peu soluble dans l'eau, soluble dans l'alcool.

RÉACTION. — La solution alcoolique est colorée en

vert par le perchlorure de fer, et par les alcalis en jaune foncé. Par l'ébullition avec les acides étendus, la thuyine se dédouble en glycose et en thuyigénine.

PROP. PHYS. ET THÉR. — La thuyine, qui serait toxique pour certains auteurs et inerte pour d'autres, n'a pas été l'objet d'études approfondies suffisantes pour la faire entrer dans la thérapeutique.

Turpéthine. — $C^{34}H^{56}O^{16}$.

PROV. — Glucoside extrait par Spirgatis de la racine de turbith, *Ipomœa Turpethum*, Convolvulacées.

DESCR. — Matière résineuse, brunâtre, incolore, de saveur âcre et amère. Irrite fortement les muqueuses. Fond à 183°, très soluble dans l'alcool, insoluble dans l'eau, l'éther, la benzine, le sulfure de carbone et les huiles essentielles.

RÉACTIONS. — Les acides étendus la dédoublent à l'ébullition en glycose incristallisable et en acide turpétholique $C^{16}H^{32}O^{4}$.

PROP. PHYS. — La turpéthine est un purgatif puissant.

PROP. THÉR. — On l'emploie comme tonique du cæcum dans les dyspepsies intestinales; elle réussit dans les cas où il est nécessaire de produire une dérivation intestinale dans les maladies cérébrales. Elle réussit dans l'atonie des mouvements péristaltiques de l'intestin, elle relève la muqueuse de sa torpeur et évite les obstructions et les rétentions opiniâtres du rectum. On l'emploie avec succès pour combattre la constipation habituelle, l'hydropisie, l'apoplexie séreuse et l'absence de flux hémorrhoïdal.

MODE D'EMPLOI. — DOSES. — La turpéthine se donne à la dose de 5 à 15 centigrammes en granules, pilules, prises.

Uréchitine. — $C^{28}H^{42}O^{8}—2H^{2}O$.

PROV. — Glucoside retiré par M. Bowery des feuilles de l'*Urechites suberecta*, Apocynacées.

DESCR. — Cristallise en prismes à quatre pans transparents, incolores, très amers. Soluble dans le chloroforme, l'alcool bouillant l'acide acétique; insoluble dans l'eau, l'alcool étendu, plus soluble dans l'éther, la benzine, l'alcool amylique.

RÉACTIONS. — L'acide sulfurique concentré donne une coloration jaune, puis orangée, rouge, mauve, puis enfin pourpre. La chaleur ou un cristal de bichromate de potasse activent les changements de teinte. Sous l'influence des acides étendus, on dédouble l'uréchitine en glycose et uréchiténine.

PROP. PHYS. — Cette substance est un toxique puissant dont l'action se rapproche de celle de la digitale. Le cœur de la grenouille, isolé dans l'appareil de William, est tué en neuf minutes par une solution au dix-millionième. Chez les lapins, la pression sanguine s'élève dans les premiers stades de l'intoxication, et diminue ensuite de plus en plus jusqu'à ce que le cœur s'arrête.

Les lapins sont beaucoup moins sensibles à l'action de l'uréchitine que les chiens.

L'uréchitoxine est un poison des muscles et du cœur, mais beaucoup moins actif que l'uréchitine.

Aucune de ces substances ne détermine de contraction des vaisseaux sanguins de la grenouille. lorsqu'on les applique localement.

Quant aux légendes sur l'action toxique de cette plante, elles renferment un mélange de vrai et de faux. Une dose toxique peut tuer en quelques heures ou en un ou deux jours.

Mais une dose non toxique, pendant ce laps de temps, ne peut provoquer la mort après des jours et même des semaines, comme on le prétendait.

Prop. thér. — A cause de sa toxicité et de l'accumulation du poison dans l'organisme, il est difficile de faire entrer ce corps dans la thérapeutique courante, alors que les médicaments cardiaques faciles à manier abondent.

Vernonine. — $C^{10}H^{24}O^{7}$.

Prov. — Glucoside extrait du *Batiator*, *Vernonia nigritiana*, Composées.

Descr. — Corps blanc amorphe, peu soluble dans l'éther et le chloroforme.

Réactions. — La vernonine donne en présence de l'acide sulfurique une coloration rouge qui passe au violet pourpre.

En présence des acides concentrés la vernonine se dédouble en glycose et en produit résineux $C^{4}H^{10}O^{3}$.

Prop. phys. — Agit sur le cœur comme la digitaline, mais son action est environ quatre-vingts fois plus faible que l'action de la digitaline; ce qui permet de graduer son action.

Prop. thér. — On emploie la vernonine comme fébrifuge et cardiaque.

Dose. — 5 milligrammes de vernonine en pilules.

Vincétoxine. — $C^{10}H^{12}O^{6}$.

Prov. — Glucoside découvert par Tanret dans la racine de l'*Asclepias Vincetoxicum*, Asclépiadées.

Descr. — Poudre jaunâtre amorphe, de saveur à la fois sucrée et amère. Soluble dans l'eau, l'alcool et le chloroforme; insoluble dans l'éther. Elle est lévogyre. Elle fond à 59°. Les solutions deviennent limpides par le froid et se coagulent par la chaleur.

Réactions. — La vincétoxine précipite de ses solutions par les alcalis, moins l'ammoniaque. Elle précipite par les réactifs généraux des alcaloïdes. Elle se dédouble par les acides à chaud en glycose et un produit résineux.

PROP. PHYS. ET THÉR. — La vincétoxine paraît être inactive. Les propriétés émétiques de la plante semblent être dues à une matière peu connue, analogue à l'émétine.

Waldivine. — $C^{36}H^{24}O^{20} + 5HO$.

PROV. — Glucoside découvert par Tanret dans les graines de *Simaba Waldivia*, Rutacées-Simaroubées.

DESCR. — Cristaux incolores en prismes hexagonaux terminés par une double pyramide hexagonale. Très peu soluble dans l'eau froide, plus soluble dans l'eau chaude. Se dissout aisément dans l'alcool et le chloroforme, insoluble dans l'éther. Fond à 230°. Elle est dextrogyre.

RÉACTIONS. — La waldivine en solution précipite par le tannin et l'acétate de plomb ammoniacal. Elle se dédouble sous l'influence des acides et réduit la liqueur de Fehling. Les alcalis décomposent la waldivine, son amertume disparaît et la liqueur jaunit; si on ajoute un acide la liqueur devient incolore et redevient amère.

PROP. PHYS. — En injections hypodermiques la waldivine est toxique par congestion du poumon et déterminant l'hémorrhagie cérébrale. Ingérée par la bouche elle est émétique.

PROP. THÉR. — On l'a employée comme fébrifuge, mais les résultats obtenus n'ont pas été merveilleux. On l'a préconisée contre la rage, mais les expériences tentées à Alfort n'ont pas affirmé cette médication.

MODE D'EMPLOI. — 5 milligrammes en granules.

Wistarine.

PROV. — Glucoside extrait par Otow de l'écorce du *Wistaria chinensis*, Légumineuses-Papillonacées.

Descr. — Cristaux blancs de saveur amère et astringente. Soluble dans l'alcool, difficilement dans l'eau et l'éther, presque insoluble dans le chloroforme. Fond à 204°.

Réactions. — Les alcalis la dissolvent en donnant une coloration jaune passant au rouge cerise. Le perchlorure de fer donne une coloration violette passant au brun verdâtre. L'acide sulfurique dilué à l'ébullition la dédouble en glycose, en résine et une huile essentielle qui ressemble au ményanthol et qui donne avec la potasse une substance blanche à odeur de coumarine.

Prop. phys. — Toxique.

Prop. thér. — La wistarine n'a pas été employée jusqu'à ce jour en thérapeutique.

TROISIÈME PARTIE

PRINCIPES AMERS, CORPS NEUTRES.

Absinthine. — $C^{40}H^{58}O^{9}$.

PROV. — Principe amer, extrait par M. Duquesnel de l'*Artemisia Absinthium*, Composées.

DESCR. — Cristaux prismatiques incolores, d'une saveur extrêmement amère. Très soluble dans l'alcool et le chloroforme, les alcalins, moins soluble dans l'éther et à peu près insoluble dans l'eau.

RÉACTION. — L'acide sulfurique concentré la dissout en produisant une coloration jaune rougeâtre qui tire au bleu.

PROP. PHYS. — Stimulant laxatif; n'est pas toxique même à doses élevées.

PROP. THÉR. — L'absinthine a été essayée comme fébrifuge. Elle augmente l'appétit ou le rétablit quand il a disparu ; elle combat la constipation d'une façon marquée. On l'emploie contre la chloro-anémie, dans les convalescences des maladies graves ayant altéré les fonctions digestives, contre l'état d'anorexie sans lésions organiques du tube digestif. Elle est surtout indiquée lorsque avec l'anorexie il reste une constitution plus ou moins opiniâtre.

MODE D'EMPLOI. — DOSE. — Pilules ou capsulines contenant chacune 5 centigrammes de principe actif à la dose de deux dix minutes avant chaque repas.

Agaricine. — $C^{18}H^{34}O^{3}$.

SYN. — Acide agaricique. Amanitine.

PROV. — Principe actif extrait par Schmieder du *Boletus laricis*, Agaric blanc.

DESCR. — Cristaux en longues aiguilles, de saveur amère. Très soluble dans l'éther et l'alcool absolu, soluble dans l'alcool méthylique, le chloroforme, l'acide acétique, insoluble dans la benzine et le sulfure de carbone.

PROP. PHYS. — L'agaricine a la propriété d'arrêter la transpiration sans déterminer la diarrhée comme l'agaric lui-même.

PROP. THÉR. — On l'administre contre la phthisie. La nuit où on la prend, la toux est moins fréquente et le sommeil plus tranquille. On l'administre six heures avant l'heure habituelle à laquelle apparaît la sueur.

MODE D'EMPLOI. — DOSES.

Injections hypodermiques (Dr C. Paul) :

Agaricine	0gr,05
Alcool absolu	4gr,50
Glycérine	5gr,50

Pilules d'Agaricine (Dr Serfurt) :

Agaricine	0gr,50
Poudre de Dower	7gr,50
Poudre de guimauve	4 grammes.
Sirop de gomme	4 —

F. S. A. 100 pilules, une à deux par jour.

Dose de 5 à 8 milligrammes.

Anémonine. — $C^{15}H^{12}O^{6}$.

PROV. — Corps neutre extrait par M. Hanriot de l'*Anemona Pulsatilla*, Renonculacées.

PRÉP. — Quand on distille l'anémone pulsatile divisée dans un courant de vapeur, on obtient un liquide qui abandonne au chloroforme une substance solide, le camphre d'anémone, qui se dédouble très facilement en anémonine et acide anémonique.

Descr. — L'anémonine cristallise en aiguilles de saveur âcre, peu solubles dans l'eau et l'éther, solubles dans l'alcool et le chloroforme. Fond à 156°.

Réactions. — Par l'action des alcalis elle se convertit en acide anémonique $C^{15}H^{14}O^{7}$ qui est amorphe, qui forme des sels amorphes et est insoluble dans l'eau, l'alcool et l'éther.

Prop. phys. — A l'extérieur l'anémonine agit comme rubéfiant et même comme vésicant. A l'intérieur elle agit comme anticatarrhale et exerce une action spéciale sur le système nerveux et le cœur.

Prop. thérap. — A l'extérieur on l'emploie en solution alcoolique, en applications contre les dartres rebelles. A l'intérieur on l'emploie contre la fièvre catarrhale, l'hypesécrétion nasale et le coryza; on l'a préconisée contre la paralysie et la coqueluche.

Mode d'emploi. — Granules de un centigramme.

Dose, — de 2 à 4 centigrammes à l'intérieur.

Cantharidine. — $C^{20}H^{12}O^{8}$.

Prov. — Principe actif retiré des cantharides par Robiquet.

Prép. — On épuise la poudre de cantharides par le chloroforme, qui dissoudra la cantharidine et les matières grasses. On distille au bain-marie pour retirer le chloroforme; on traite l'extrait chloroformique par le sulfure de carbone qui dissoudra les corps gras. On dissout à chaud la cantharidine dans le chloroforme bouillant avec du noir animal, on filtre, on laisse refroidir et cristalliser.

Descr. — Cristaux en lamelles incolores et brillants; insoluble dans l'eau, peu soluble dans l'alcool et le chloroforme à froid, assez soluble dans l'éthe et dans le chloroforme bouillant. Fond à 208° ; se sublime à 120°.

Réaction. — La cantharidine se dissout dans les alcalis pour former des cantharidates qui sont décomposés par les acides.

Prop. phys. — Employée localement la cantharidine sert à produire la rubéfaction ; c'est le plus sûr et le moins douloureux de tous les vésicants. Dans l'estomac la cantharidine excite de la chaleur et de la brûlure, de vives douleurs gastralgiques, des nausées et des vomissements. Une fièvre artificielle se déclare avec soif ardente ; bientôt se manifestent les ardeurs de l'urine, des douleurs très vives dans le ventre et les lombes, un priapisme des plus pénibles. Le malade urine, au milieu de vives souffrances, une urine rare et concentrée composée d'albumine, de fibrine et de sang ; en même temps le malade éprouve difficulté d'avaler, de l'hydrophobie, de la dysenterie, une sensibilité extraordinaire du ventre, puis le pouls se ralentit, la température s'abaisse, résolution des forces, délire, quelques contractions, tétanos, insensibilité, coma, puis la mort.

Prop. thér. — La cantharidine a été préconisée contre la tuberculose et surtout pour en calmer la toux incessante à la première période, quand il n'y a pas lésion du rein. Il n'y a aucun accident congestif du rein quand on opère avec ménagement. On l'emploie en usage externe contre l'alopécie, la teigne tonsurante et la pelade, en appliquant un liniment vésicant.

Mode d'emploi.

Injection hypodermique (Professeur Laboulbène) :

Cantharidine	0gr,10
Chloroforme	10 grammes.

Liniment vésicant (Martindale) :

Cantharidine..............	0gr,05
Éther acétique............	24 grammes.
Alcool....................	90 —
Huile de ricin............	30 —
Essence de lavande........	XV gouttes.

Doses. — Un milligramme. Au bout de quelques jours on peut employer 2 milligrammes au maximum.

Colombine. — $C^{21}H^{22}O^{7}$. At.

Prov. — Principe amer extrait par M. Duquesnel du *Cocculus palmatus*, vulgo *Colombo*, Ménispermacées.

Descr. — Substance cristallisée, inodore, d'une saveur très amère, et persistante, peu soluble dans l'eau, la glycérine et l'alcool, très soluble dans le chloroforme, la benzine et l'essence de térébenthine.

Réactions. — En présence de l'acide sulfurique elle prend une coloration marron. La colombine se combine avec les acides pour former des sels.

Prop. phys. — La colombine augmente à faible dose la proportion de la bile, des glandes de l'estomac et de l'intestin. A haute dose elle fait subir au foie la dégénérescence graisseuse; substance toxique.

Prop. thér. — On peut employer la colombine à doses très faibles pour provoquer l'appétit, activer la digestion et la rendre plus parfaite. On l'a recommandé dans les embarras gastriques, les troubles fonctionnels gastro-intestinaux, la diarrhée chronique.

Mode d'emploi. — Doses. — *Granules de 1 milligramme de colombine.*

A la dose de 1 à 5 par jour.

Cotoïne. — $C^{22}H^{18}O^{6}$.

PROV. — Corps neutre extrait par MM. Jobst et Hesse de l'écorce du *Palicourea densiflora*, vulgo *Coto*, Rubiacées.

DESCR. — Cristaux en prismes jaunâtre, de saveur amère; peu soluble dans l'eau froide, très soluble dans l'eau chaude, l'alcool, l'éther, le chloroforme, la benzine, le sulfure de carbone. La cotoïne se dissout très bien dans les alcalins et se précipite par addition d'acide. Fond à 110°.

RÉACTIONS. — Chauffée avec de l'acide nitrique concentré, la cotoïne prend une coloration rouge sang. Le perchlorure de fer donne à sa solution alcoolique une teinte violet foncé.

En présence de la potasse en fusion, elle donne de l'acide benzoïque et une essence à odeur d'amandes amères.

PROP. PHYS. — La cotoïne est antidiarrhéique; elle augmente l'appétit de l'homme en santé; elle n'est absorbée que par l'intestin et passe dans l'urine. Elle dilate les vaisseaux sanguins de l'abdomen, provoque aussi la nutrition de la muqueuse et favorise l'absorption. Elle est contre-indiquée dans l'hyperhémie de l'intestin.

PROP. THÉR. — La cotoïne agit surtout dans les diarrhées chroniques, la faiblesse intestinale provoquée par la cachexie et la phthisie. Elle est fort bien supportée même par les enfants.

MODE D'EMPLOI. — DOSES.

Pilules de cotoïne:

Poudre de cotoïne...........	1gr,20
Extrait de réglisse...........	4 grammes.
Extrait de gentiane..........	Q. S.

Mêlez et F. S. A. 40 pilules de 4 à 6 par jour.

Cachets de cotoïne :

Poudre de cotoïne........... 1gr,50

Divisez en 10 cachets médicamenteux.

Injection hypodermique :

Cotoïne.................... 0gr,20
Éther acétique............. 10 cent. cubes.

La seringue de 1 centimètre cube contient ainsi 2 centigrammes de cotoïne.

On emploie la cotoïne à la dose de 10 centigrammes à 30 par jour.

Darutyne.

PROV. — Principe amer extrait par le Dr Auffray du *Siegesbeckia orientalis*, vulgo *herbe divine*, Composées.

DESCR. — Cristaux en aiguilles isolées ou s'encadrant d'un centre commun en forme de houppes, inodores, de saveur très amère, non volatils ; insolubles dans l'eau froide, les acides étendus, le chloroforme, les alcalis, la térébenthine, l'éther de pétrole; solubles dans l'alcool et l'éther.

RÉACTIONS. — L'acide sulfurique donne une coloration brunâtre. L'acide chlorhydrique à chaud donne une couleur violette, qui devient verte par ébullition. Elle ne réduit pas la liqueur de Fehling.

PROP. THÉR. — On emploie cette substance en usage interne contre la syphilis, la goutte et la scrofule; elle réussit très bien dans l'anémie et l'aménorrhée.

En usage externe elle est employée en frictions contre la trichophytie, l'herpès circiné, le pityriasis, le pian et le béribéri.

MODE D'EMPLOI. — Usage interne. Pilules de 10 centigrammes à la dose de 1 à 6 par jour. Usage externe.

Solution alcoolique ou glycérinée à 1/10, à employer en frictions énergiques.

Ligustrine. — $C^{19}H^{28}O^{10}$.

Prov. — Principe amer retiré par Reinsch du *Ligustrum vulgare*, Oléacées.

Descr. — Cristaux inodores, incolores, très amers. La réaction est neutre. Fond à 190°. Soluble dans l'eau chaude et l'alcool, insoluble dans l'alcool.

Réactions. — Sa solution additionnée de son volume d'acide sulfurique concentré prend une coloration bleu foncé passant au violet. Étendue d'eau, la substance bleue se dépose en flocons et se dissolvant dans l'alcool et devenant rouge par l'ammoniaque.

Prop. phys. — Tonique, amère.

Prop. thér. — On l'emploie contre les maladies de la gorge et comme amer. Mais la classe de ces substances étant déjà fort nombreuse, on a réservé l'étude de la ligustrine, la déterminant dans le cas où les autres amers viendraient à manquer.

Picrotoxine. — $C^{9}H^{10}O^{4}$.

Syn. — Cocculine.

Prov. — Principe actif retiré par Boullay des semences du *Menispermum Cocculus*, Coque du Levant, Ménispermacées.

Descr. — Cristaux en aiguilles incolores, inaltérables à l'air, inodores, d'une saveur amère insupportable. Soluble dans l'eau, l'alcool, l'éther, l'alcool amylique. Fond à 200°.

Réactions. — Les solutions alcalines de picrotoxine réduisent la liqueur de Fehling comme la glycose. Les réactifs des alcaloïdes sont sans action sur la picrotoxine, tandis qu'elle présente la réaction de la strychnine avec l'acide sulfurique et le bichromate de potasse; la picrotoxine possède d'ailleurs l'amertume extrême de la strychnine. La picrotoxine traitée par l'acide azotique, puis évaporée, donne un résidu jaune qui devient rouge sang par l'addition d'une goutte de potasse.

Prop. phys. — La picrotoxine est toxique, sa principale propriété est *cataleptisante*. D'après Gubler, elle agit sur les muscles de la volonté par l'intermédiaire de la moelle et détermine la titubation, le tremblement, l'insensibilité et les convulsions des extenseurs suivie d'immobilité; elle ralentit notablement les mouvements du cœur; elle détermine des nausées et des vomissements.

Prop. thér. — On l'a employée dans les névroses convulsives, l'épilepsie, l'éclampsie, la chorée, l'anémie, la paralysie du larynx et du pharynx. On l'a préconisée avec succès contre les sueurs nocturnes simples ou des phthisiques. On peut l'employer comme antidote d'asphyxie par le chloroforme ou empoisonnement par la morphine.

Mode d'emploi.

Granules de picrotoxine à 1 milligramme, à la dose de 1 à 2 milligr. pour les enfants et de 3 à 6 milligr. pour les adultes.

Liqueur acétique de picrotoxine (Martindale) :

Picrotoxine	0gr,40
Acide acétique cristallisable.	16 grammes.
Sirop de groseilles........	100 —

Filtrez. Dose de 2 à 12 gouttes dans de l'eau.

Liniment de picrotoxine :

Eau distillée..............	120 —
Picrotoxine................	0gr,40
Acide acétique cristallisable.	16 grammes.
Huile de ricin..............	16 —
Essence d'eucalyptus.......	XVI gouttes.

Pilules de picrotoxine :

Picrotoxine................	0gr,05.
Sucre de lait..............	1 gramme.
Glycérine..................	2 grammes.
Gomme adraganthe..........	0gr,20.

F. S. A. 50 pilules.

Quassine. — $C^{32}H^{42}O^{10}$.

PROV. — Principe amer extrait par Winckler du bois de *Quassia amara*, Rutacées.

DESCR. — Cristaux en lamelles rectangulaires, blanches, inodores, de saveur très amère, inaltérables à l'air, peu solubles dans l'eau froide et l'alcool froid ; plus solubles dans l'eau ou l'alcool bouillant, très solubles dans les alcalis, d'où les acides la reprécipitent. Pouvoir rotatoire dextrogyre + 37°,8.

RÉACTION. — Chauffée avec les acides elle se transforme en aiguilles blanches, amères, la quasside $C^{41}H^{48}O^{9}$ qui, en présence de l'alcool dilué et à l'ébullition reproduit la quassine.

PROP. PHYS. — Agit comme amer en augmentant l'appétit ; à dose modérée, la quassine active et augmente la sécrétion des glandes salivaires, du foie et des reins. Elle réveille l'action des fibres musculaires du tube digestif; elle augmente la sécrétion des muqueuses. A haute dose elle détermine des symptômes toxiques, brûlures à la gorge, nausées, inquiétudes, vertiges.

PROP. THÉR. — La quassine est employée comme reconstituant des forces, elle réveille l'appétit, facilite les digestions. Elle est indiquée dans la dyspepsie atonique, dans la chloro-anémie et quand il y a faiblesse ou débilitation de l'organisme.

MODE D'EMPLOI. — Pilules et granules de quassine cristallisée à la dose minimum de 2 milligrammes et à la dose maximum de 2 centigrammes, en allant progressivement. La quassine amorphe se prescrit à des doses dix fois plus fortes.

Santonine. — $C^{30}H^{18}O^{6}$.

PROV. — Principe actif par Kahler extrait des fleurs de l'*Artemisia maritima*, vulgo *Semen contra*, Composées.

DESCR. — Cristaux prismatiques blancs, d'un aspect nacré, inodores, insipides, anhydres. Soluble dans 300 parties d'eau froide, 250 parties d'eau bouillante, dans 40 parties d'alcool à 90°, dans 3 parties d'alcool bouillant, dans 70 parties d'éther, dans 7 parties de chloroforme. Ses solutions alcoolique et éthérée sont très amères. Sous l'influence des rayons solaires la santonine jaunit. Fond à 170° puis se sublime sans décomposition.

RÉACTIONS. — Une solution alcoolique de potasse la colore en rouge vif. La santonine est dissoute dans l'acide sulfurique concentré, puis on ajoute une solution étendue de perchlorure de fer par petites parties à la fois, et entre chaque addition on fait tourner doucement sur elle-même la capsule de porcelaine. Il se produit une coloration rouge, puis pourpre, enfin violet. — Dans une capsule de porcelaine, on introduit quelques paillettes de santonine et 20 à 30 milligrammes de cyanure de potassium pulvérisé, on chauffe doucement jusqu'à dissolution de la masse, il se forme une belle coloration rouge qui très rapidement, passe au brun jaune. La masse fondue, reprise par l'eau, donne une solution fluorescente brune par transparence, verte par réflexion, cette fluorescence persiste assez longtemps.

PROP. PHYS. — La santonine détermine, à la dose de 25 centigrammes à 1 gramme, du malaise épigastrique, comme la sensation de la faim, des irritations, de la lassitude générale. Les sujets accusent des troubles visuels; pour eux tous les objets sont colorés en jaune ou en vert. En même temps l'urine prend une teinte jaune spéciale qu'elle conserve trente-six heures.

Prop. thér. — La santonine, à la dose de 10 à 15 centigrammes répétée plusieurs fois, est un excellent vermifuge. Sa sûreté d'action jointe à son insipidité fait de la santonine un médicament recommandable contre les ascarides et les oxyures vermiculaires; elle est aussi très efficace contre les lombrics.

Mode d'emploi. — Doses. — On donne la santonine à la dose de 10 à 20 centigrammes. La dose maximum est de 5 à 20 centigrammes à la fois pour un enfant et de 30 à 40 centigrammes chez un adulte.

Dragées de santonine (Garnier) :

Santonine.................. 0gr,25 par dragée.

Biscuits de santonine.

F. S. A. deux biscuits contenant chacun 0gr,05 de santonine.

Lavement à la santonine (Abbot-Smith)

Santonine.................	0gr,05
Jaune d'œuf..............	n° 1.
Eau.......................	100 grammes

F. S. A.

Tablettes de santonine (Codex) :

Santonine.......................	5 grammes.
Sucre pulvérisé..................	500 —
Mucilage de gomme adraganthe...	45 —

F. S. A. des tablettes de 1 gramme qui contiendront 1 centigramme de santonine.

Tanacétine. — $C^{11}H^{16}O^4$.

PROV. — Principe amer extrait par Lepping des fleurs du *Tanacetum vulgare*, Composées.

DESCR. — Corps amorphe, granuleux, blanc, hygroscopique, de saveur amère et caustique. Soluble dans l'eau et l'alcool. Insoluble dans l'éther.

PROP. PHYS. ET THÉR. — Des expériences physiologiques et thérapeutiques ont été tentées, avec la plante entière et l'essence, contre la rage; elle altère la fonction glycogénique du foie. La tanacétine est vermifuge et tænifuge, mais les expériences tentées avec ce corps ne sont pas assez nombreuses ni assez concluantes pour pouvoir permettre d'introduire ce corps dans la thérapeutique usuelle.

Touloucounine. — $C^{10}H^{14}O^4$.

PROV. — Principe amer extrait par Caventou de la tige du *Carapa Touloucouna*, Méliacées.

DESCR. — Matière résineuse, neutre, incristallisable, insoluble dans l'eau, soluble dans l'alcool, insoluble dans l'éther.

RÉACTIONS. — Quand on humecte légèrement la touloucounine en présence de l'acide sulfurique on obtient une belle couleur bleue.

PROP. PHYS. ET THÉR. — La touloucounine est un fébrifuge qui fut fort vanté pendant une certaine période et qui est retombé dans l'oubli à cause de son infériorité manifeste sur la quinine.

Xanthoxyline. — $C^{10}H^{12}O^4$.

PROV. — Principe amer extrait par Steenhouse des fruits du *Xanthoxylum piperitum*, Rutacées.

DESCR. — Stéaroptène cristallisable, légèrement aromatique. Insoluble dans l'eau, soluble dans l'éther et l'alcool et se volatilisant sans décomposition.

PROP. PHYS. ET THÉR. — Substance vermifuge et antithermique dont l'étude n'a pas été poussée assez loin pour permettre d'introduire ce corps dans la thérapeutique.

Remarque. — On ne doit pas confondre cette xanthoxyline avec les divers alcaloïdes ainsi nommés, retirés l'un par MM. Heckel et Schlagdenhaufen du *Xanthoxylum caribæum*, l'autre par M. le Dr Parodi du *Xanthoxylum naranjillo*.

INDEX ALPHABÉTIQUE

DES MATIÈRES

Les chiffres noirs qui suivent immédiatement le nom d'une substance désignent la dose maximum d'un médicament à prendre en une fois.

Abiétine.. 237
Absinthine............................ 5 cent. 286
Acétate d'atropine.............................. 50
— de caféine.................................... 60
— d'ergotine.................................... 96
— de katine..................................... 116
— de morphine...................... 2 cent. 125
— de pilocarpine................... 1 cent. 144
— de quinine.................................... 155
Achilléine......................... 10 cent. 32
Acide atractylique.............................. 230
— caïncique.......................... 10 cent. 233
— daphnique.................................... 242
Aconine... 33
Aconitine.......................... 1/10 de mill. 36
Adansonine...................................... 226
Adonidine............................ 5 mill. 226
Agaricine............................ 5 mill. 285
Agoniadine...................................... 227
Alcaloïdes amides............................... 3
— artificiels................................... 197
— à noyau aromatique............................ 3
— à noyau pyridique............................. 3
— naturels...................................... 31

Alcaloïdes naturels non volatils........ 2
— volatils........ 7
Alétrine........ 3 cent. 38
Alstonidine........ 1 cent. 30
Amarylline........ 39
Amygdaline........ 228
Anagyrine........ 40
Analgésine........ 1 gr. 197
Anchiétine........ 5 mill. 41
Anémonine........ 2 cent. 286
Angéline........ 168
Angusturine........ 41
Anthémine........ 192
Antiarine........ 229
Antipyrine........ 1 gr. 198
Antiseptol........ 71
Apirine........ 192
Apocodéine........ 18 cent. 200
Apocynéine........ 1 mill. 229
Apomorphine........ 1 cent. 201
Araribine........ 42
Arbutine........ 1 gr. 130
Arécaïne........ 1 mill. 42
Arécoline........ 43
Arnicine........ 192
Arséniate de quinine........ 1 mill. 155
Artanitine........ 10 cent. 241
Asiminine........ 44
Aspidosamine........ 149
Aspidospermatine........ 2 cent. 149
Aspidospermine........ 45
Athérospermine........ 45
Atisine........ 46
Atractyline........ 231
Atropamine........ 45
Atropine........ 1 mill. 47
Aurantiamarine........ 231
Aurantiine........ 264
Azédarine........ 195
Azotate d'aconitine........ 1/10 de mill. 36

Azotate de caféine........................ 60
— de cinchonamine........................ 68
— de strychnine.................... 1 mill. 179

Baccharine........................ 192
Baptitoxine.................... 1 mill. 52
Baume de cicutine........................ 66
Bébéérine.................... 20 cent. 52
Bébirine.................... 20 cent. 52
Bélamarine........................ 53
Benzoate d'isoéthyl-ecgonine........................ 206
— de quinine........................ 155
Benzopseudotropine........................ 184
Berbérine.................... 30 cent. 53
Boldine.................... 1 cent. 54
Boldoglucine.................... 10 cent. 232
Bromhydrate de caféine........................ 60
— de cicutine........................ 67
— de cinchonidine.................... 25 cent. 70
— d'ergotinine........................ 97
— d'ésérine........................ 101
— d'homatropine........................ 204
— de pelletiérine........................ 141
— de quinine........................ 156
Brucine.................... 5 mill. 55
Bryonine.................... 5 cent. 233

Cachets de brucine........................ 55
— fébrifuges........................ 162
Cactine.................... 5 mill. 57
Caféine.................... 30 cent. 57
Caïlcédrine........................ 192
Caïncine.................... 10 cent. 235
Calabarine.................... 1 mill. 99
Calcatripine........................ 193
Cannabine.................... 10 cent. 61
Cantharidine.................... 1 mill. 288
Capsicine.................... 1 mill. 62
Carapine........................ 193
Carbolate de quinine........................ 159

Carobine ... 193
Carpaïne ... 1 mill. 63
Castine ... 193
Cayaponine ... 193
Cédrine ... 193
Céphalanthine ... 235
Cévadine ... 2 mill. 188
Chélidonine ... 63
Chénopodine ... 193
Chlorhydrate d'aconitine ... 36
— d'apocodéine ... 1 cent. 200
— d'apomorphine ... 1 cent. 200
— de caféine ... 60
— de cinchonidine basique ... 20 cent. 71
— — neutre ... 20 cent. 71
— de cocaïne ... 1 cent. 75
— de codéine ... 80
— d'ergotinine ... 97
— d'hydrastinine ... 5 mill. 205
— de morphine ... 2 cent. 126
— de pilocarpine ... 1 cent. 144
— de quinine (neutre) ... 156
— de thalline ... 10 cent. 210
— de thébaïne ... 182
— de triméthylamine ... 50 cent. 213
Chlorhydrosulfate de quinine ... 157
Chlorogénine ... 1 cent. 39
Cicutine ... 1/2 mill. 64
Cimifugine ... 193
Cinchonamine ... 10 cent. 67
Cinchonicine ... 10 cent. 68
Cinchonidine ... 10 cent. 69
Cinchonine ... 20 cent. 71
Cinchovatine ... 10 cent. 43
Cinchovine ... 10 cent. 43
Cissampéline ... 142
Citrate de cocaïne ... 77
Classement des alcaloïdes par familles botaniques. 11
— — par propriétés physiologiques. 17
— — — thérapeutiques. 17

Classement des glucosides par familles botaniques. 219
— — par propriétés physiologiques 222
Cocaïne .... 1 cent. 72
Cocculine .... 1 mill. 202
Codamine 73
Codéine .... 2 cent. 78
Colchicine .... 1/2 mill. 80
Collyre d'atropine 49
Colocynthine .... 5 mill. 236
Colombine .... 1 mill. 290
Conéine .... 1/2 mill. 64
Conessine 82
Conicine .... 1/2 mill. 64
Coniférine 236
Conine .... 1/2 mill. 64
Conquinine 150
Convallamarine .... 1 cent. 237
Convallarine .... 5 cent. 239
Convolvuline .... 10 cent. 239
Coptine .... 10 cent. 83
Coronilline .... 2 cent. 241
Corps neutres 287
Corydaline .... 5 mill. 83
Cotoïne .... 10 cent. 289
Crocine 241
Cryptopine 84
Curarine .... 1/10 de mill. 84
Cusparine 85
Cyclamine .... 10 cent. 242
Cyticine 86

Danaïdine .... 10 cent. 242
Danaïne .... 10 cent. 242
Daphnine 243
Darutyne .... 10 cent. 292
Daturine .... 1 mill. 109
Delphine .... 1 mill. 86
Delphinoïdine 87
Delphisine 87

Diéthyléminine........................ 20 cent. 209
Digitaléine.. 243
Digitaline amorphe.................... 1 mill. 248
— cristallisée............... 1/10 de mill. 248
Digitasoline.. 243
Digitonine.. 243
Diméthyloxyquinizine........................ 1 gr. 197
Diméthylphénylpyrazolone................ 1 gr. 197
Diméthylxanthine........................ 10 cent. 182
Dispermine........................ 20 cent. 209
Ditaïne........................ 5 mill. 89
Ditamine........................ 5 mill. 88
Diurétine........................ 1 gr. 183
Dosage des alcaloïdes dans les médicaments...... 26
Doundakine........................ 20 cent. 88
Drumine.. 89
Duboisine........................ 1 mill. 109
Dulcamarine.. 248

Échitamine........................ 5 mill. 89
Échitéine........................ 1 cent. 90
Échujine........................ 1/2 mill. 248
Élatérine........................ 5 mill. 91
Élixir fébrifuge.. 162
Émétine........................ 1 cent. 91
Éphédrine.. 93
Ergotinine........................ 1/4 de mill. 94
Éricoline........................ 50 cent. 249
Érythrine.. 193
Érythrocoralloïdine.. 97
Érythrophléine........................ 1/10 de mill. 97
Esculine........................ 50 cent. 250
Esenbeckine.. 98
Ésérine........................ 1 mill. 99
Essai du sulfate de quinine........................ 161
État de pureté des alcaloïdes........................ 24
Éthoxycaféine........................ 25 cent. 202
Eupatorine.. 194
Exodine.. 250
Fagine.. 194

Ferrocyanate de quinine........................ 158
Fonctions chimiques des alcaloïdes............... 3
— — des glucosides............... 219
Franguline...................................... 250
Fraxine.............................. 1 gr. 252
Frictions fébrifuges............................ 162
Fumarine... 102

Galipéine.. 102
Geissospermine.................... 10 cent. 103
Gélatine dosée à l'ésérine...................... 101
Gelsémine......................... 1 mill. 103
Gentiopicrine.................................. 251
Géranine... 194
Glaucine... 193
Gléditchine...................................... 193
Globularine...................................... 253
Glucosides....................................... 215
Glucoside coniférylique......................... 237
— solanidique.................. 10 cent. 275
Glycérolé d'atropine............................. 51
Glycyphilline.................................... 254
Glycyrrhizine.................................... 254
Gnoscopine....................................... 104
Granules d'aconitine.............................. 34
Gratioline....................................... 255
Guachamachine.................... 1/2 mill. 105

Harmaline......................... 5 mill. 106
Harminc........................... 5 mill. 107
Hedérine... 255
Helléboréine...................... 1 mill. 254
Homatropine...................................... 204
Huile d'atropine.................................. 49
Hydrangine....................... 60 cent. 258
Hydrastine....................... 10 cent. 206
Hydrastinine...................... 5 mill. 206
Hydrocotarnine................................... 107
Hygrine.. 108
Hyménodyctyne................................... 108

Hyoscine.............................. 1 mill. 112
Hyoscyamine.............................. 1 mill. 109
Hypoquébrachine.............................. 149

Icajanine.............................. 194
Impérialine.............................. 113
Inéine.............................. 194
Injection de caféine.............................. 58
— de morphine.............................. 127
Intensité physiologique des alcaloïdes de l'opium.. 23
Iodosulfate de cinchonine.............................. 71
Iodure d'iodhydrate de quinine.............................. 158
— — de strychnine.............................. 177
Ipoméine.............................. 258
Isatropyl-cocaïne.............................. 114
Isococaïne.............................. 206
Isohespéridine.............................. 259
Isopelletiérine.............................. 140
Isopyrine.............................. 195

Jalapine.............................. 1 cent. 260
Japaconitine.............................. 1/10 de mill. 114
Javanine.............................. 115
Jervine.............................. 115

Kairine.............................. 25 cent. 207
Katine.............................. 115
Kawaïne.............................. 30 cent. 146

Laburnine.............................. 1/10 de mill. 188
Lactate de quinine.............................. 158
Lantanine.............................. 10 cent. 116
Lanthopine.............................. 116
Lappine.............................. 195
Laricine.............................. 237
Laudanine.............................. 117
Laudanosine.............................. 118
Lexoptérygine.............................. 195
Ligustrine.............................. 293
Liniment stimulant.............................. 173

Lobéline.. 5 mill. 118
Lokaïne.. 260
Loturine.. 10 cent. 119
Lupiniine.. 261
Lupinine.. 120
Lycine.. 195
Lycopodine.. 120

Macléyine.. 121
Malouétine.. 1/2 mill. 108
Manacine.. 1 cent. 121
Margosine.. 195
Méconarcéine.. 6 mill. 131
Méconate de morphine.. 127
— de narcéine.. 6 mill. 131
Méconidine.. 122
Mégarrhizine.. 1 cent. 261
Mélanthine.. 262
Méline.. 270
Ménispermine.. 195
Ményanthine.. 263
Mercurialine.. 195
Méthylpelletiérine.. 140
Méthode de Dragendorf.. 7
— de Pelletier et Caventou.. 5
— de Ranwez.. 28
— de Stass.. 10
Méthylthéobromine.. 30 cent. 57
Mixture antiodontalgique.. 120
— de cicutine.. 66
Morindine.. 264
Morphine.. 2 cent. 123
Murrayine.. 264
Muscarine.. 1 mill. 208
Myoctonine.. 196

Nasitorine.. 196

Oléandrine.. 1/2 mill. 136
Oléate d'aconitine.. 34

Oléate d'atropine........................ 49
Onguent d'aconitine anglaise.................. 37
Ouabaïne........................ 1/10 de mill.
Oxyacanthine.................... 10 cent. 137
Oxydomorphine........................ 148
Oxyhydrométhylquinoléine.............. 25 cent. 207
Oxynévrine de Synthèse.............. 1 cent. 208
Oxytoluyltropéine........................ 204

Palikouréine........................ 196
Papavérine........................ 138
Paramorphine.................... 5 cent. 180
Paréirine.................... 10 cent. 103
Paricine........................ 139
Parthénine.................... 1 gr. 139
Pastinacine........................ 196
Pelletiérine........................ 139
Pellutéine........................ 142
Pélosine........................ 142
Phénate de quinine........................ 159
Phlorhyzine.................... 10 cent. 266
Phosphate de codéine........................ 80
Phtalate de morphine.................... 2 cent. 99
Physostigmine.................... 1 mill. 128
Phytolaccine........................ 196
Phytoméline........................ 270
Picramnine........................ 142
Picroadonidine.................... 5 mill. 226
Picrotoxine.................... 1 mill. 293
Piligaline........................ 143
Pilocarpine.................... 1 cent. 143
Pilules d'aconitine........................ 175
— antigastralgiques........................ 175
— antichlorotiques........................ 34
— d'atropine........................ 50
— de brucine........................ 56
— fébrifuges........................ 164
Pipérazidine.................... 20 cent. 209
Pipérazine.................... 20 cent. 209
Pipéridine.................... 5 mill. 145

Pipérin........................ 30 cent. 146
Pipérine........................ 30 cent. 146
Piturine........................ 196
Pommade d'aconitine........................ 35
— antiophthalmique........................ 176
— d'atropine........................ 49
— fébrifuge........................ 164
Porphyrine........................ 1 cent. 147
Potion fébrifuge........................ 163
Préparation des alcaloïdes........................ 5
— des glucosides........................ 217
Principes amers........................ 286
Propylamine........................ 50 cent. 213
Protopine........................ 147
Pseudoaconitine........................ 1/10 de mill. 36
Pseudomorphine........................ 148
Pseudopelletiérine........................ 140
Pyridine........................ 211

Quassine........................ 2 cent. 295
Québrachine........................ 2 cent. 149
Quinicine........................ 10 cent. 149
Quinidine........................ 150
Quinine........................ 150
— (acétate de)........................ 155
— (arséniate de)........................ 1 à 6 mill. 155
— (benzoate de)........................ 155
— (bromhydrate de)........................ 156
— (chlorhydrate de)........................ 156
— (chlorhydrosulfate de)........................ 157
— (ferrocyanate de)........................ 158
— (iodure d'iodhydrate de)........................ 158
— (phénate de)........................ 159
— (salicylate de)........................ 159
— (sulfate de)........................ 160
— (sulfovinate de)........................ 165
— (tannate de)........................ 167
— (tartrate de)........................ 167
— (valérianate de)........................ 167
Ratanhine........................ 168

Réactifs des alcaloïdes........ 8
— de Dragendorf........ 9
— des glucosides........ 218
— de Marmé........ 9
— de Meyer........ 9
— de Schultze........ 9
Réactions des alcaloïdes........ 9
— des glucosides........ 219
Rhamnégine........ 267
Rhéodorétine........ 10 cent. 239
Rhinacanthine........ 5 mill. 268
Rhinantine........ 268
Rhœadine........ 169
Ricine........ 169
Robinine........ 269
Rotoïne........ 269
Rutine........ 270

Sabadilline........ 196
Saccharate de cocaïne........ 77
Salicine........ 1 gr. 272
Salicylate de cinchonidine........ 10 cent. 70
— de cocaïne........ 78
— d'ésérine........ 101
— de quinine........ 159
Salsaparilline........ 274
Salsaparine........ 274
Sanguinarine........ 63
Santonine........ 10 cent. 297
Saponine........ 5 cent 272
Sapotine........ 196
Sarracénine........ 196
Scillaïne........ 197
Scopoline........ 269
Sénégine........ 5 cent. 272
Sinalbine........ 274
Sinapine........ 197
Sipérine........ 170
Sirop d'atropine........ 49
Smilacine........ 274

Solanine........................ 10 cent. 275
Solution de caféine........................ 59
Sophorine........................ 170-176-276
Soukoupirine........................ 179
Spartéine........................ 5 cent. 171
Spermine........................ 20 cent. 209
Spigéline........................ 197
Staphisagrine........................ 87
Stéarate de quinine........................ 160
Strophantine........................ 1/10 de mill. 277
Strychnine........................ 1 mill. 173
Sucupirine........................ 179
Sulfate d'atropine neutre........................ 50
— de cinchonidine (neutre)........................ 10 cent. 69
— de cinchonine (basique)........................ 10 cent 72
— de cinchonine (neutre)........................ 10 cent. 72
— de codéine........................ 80
— de duboisine........................ 1 mill. 111
— d'ésérine........................ 101
— de morphine........................ 128
— de pelletiérine........................ 141
— de quinine........................ 20 cent. 160
— de quinoïdine........................ 10 cent. 150
— de spartéine........................ 5 cent. 172
— de strychnine........................ 1 mill. 177
— de thalline........................ 10 cent. 211
Sulfochlorhydrate de quinine........................ 10 cent. 157
Sulfovinate basique de quinine........................ 168
— neutre de —........................ 165
Syringine........................ 279

Tanacétine........................ 298
Tanghinine........................ 279
Tannate de pelletiérine........................ 40 cent. 141
— de quinine........................ 10 cent. 167
Tartrate de quinine........................ 10 cent. 167
— de thalline........................ 20 cent. 211
— de thébaïne........................ 1 cent. 181
Taxine........................ 179
Teinture d'aconitine........................ 35

Teinture d'atropine.. 49
— fébrifuge.. 165
Tétanocannabine.............................. 10 cent. 61
Thalictrine.............................. 1 mill. 180
Thalline.............................. 10 cent. 211
Thébaïne.............................. 5 cent. 180
Théine.............................. 30 cent. 57
Théobromine.............................. 10 cent. 182
Théophylléine.. 197
Thévétine.............................. 1 mill. 280
Thuyine.. 280
Titrage alcalimétrique.. 26
Touloucounine.. 298
Trianospermine.............................. 5 mill. 184
Trigonelline.. 184
Triméthylamine.............................. 50 cent. 213
Tropacocaïne.. 184
Tulipiférine.............................. 10 cent. 186
Tulipine.............................. 1 mill. 187

Ulexine.............................. 1/10 de mill. 188
Uréchitine.. 282
Ustilagine.. 197

Valérianate d'atropine.. 52
— de caféine.. 50
— de quinine.............................. 10 cent. 167
Vératralbine.. 197
Vératrine.............................. 1 mill. 188
Vernonine.............................. 5 mill. 283
Vicine.. 197
Vincétoxine.. 283

Waldivine.............................. 5 mill. 284
Wistarine.. 284
Wrightine.. 82

Xanthorhamnine.. 267
Xanthoxyline.............................. 10 cent. 191-298

OXYGÈNE

APPAREIL COMPLET
pour fabriquer soi-même et respirer le gaz oxygène.

—

PRIX :
130 fr.

INHALATEUR DE LIMOUSIN
breveté S.G.D.G.
50 francs

—

LOCATION
3 fr. par semaine
PROVINCE
Port et caisse en plus.

Prix du gaz oxygène : 2 fr. 50 le ballon de 30 litres. — On le porte dans tous les quartiers de Paris sans augmentation de prix.

CHLORAL PERLÉ LIMOUSIN

Hydrate de Chloral en capsules dragéifiées, **le flacon de 40 dragées de 0,25 c., 3 francs.**

Sous cette forme, pas de mauvais goût, pas de constriction à la gorge. Dosage rigoureux du médicament.

CAPSULES TÆNIFUGES

Ces capsules, préparées selon la formule du docteur Créquy (0,50 d'extrait et 0,05 de calomel par capsule), se prennent habituellement le matin à jeun, une à une, toutes les 5 minutes. Dose 16 capsules pour un adulte.

Il est bon de faire un repas léger le soir du jour qui précède l'administration du médicament. — Le Tænia est presque toujours expulsé avec la tête une ou deux heures après l'ingestion de la dernière capsule.

Le FLACON de 16 Capsules : 6 FRANCS.

Compte-gouttes titrés de Limousin

Ce compte-gouttes est indispensable pour le dosage de tous les médicaments actifs.

Suivant les indications données par M. Lebaigue, dans son intéressant travail sur les gouttes, le tube de cet instrument a une section de 3 millimètres, et il donne des gouttes toujours égales, au poids de 5 centigrammes avec l'eau distillée.

Chaque instrument est accompagné d'un tableau indiquant le rapport du poids à la goutte pour les principaux médicaments.

Prix avec l'étui : 1 fr. 50.

Ce même *Compte-Gouttes* gradué à 1 ou 2 centimètres cubes pour remplacer les burettes graduées (*Voir le travail du Dr Duhomme, Répertoire de Pharmacie*, 1874, 10 Février). — **PRIX : 2 francs.**

M. LIMOUSIN, 2bis, rue Blanche.

MANUEL DU DOCTORAT EN MÉDECINE

Par le Professeur **Paul LEFERT**

Collection nouvelle, 21 volumes in-18, cartonnés.

Prix de chaque volume : 3 fr.

1er *Examen.*

Aide-mémoire de physique médicale et biologique. 1 vol. in-18, cart. .... 3 fr.

Aide-mémoire de chimie médicale. 1 vol. in-18, cart. .... 3 fr.

Aide-mémoire d'histoire naturelle médicale, contenant le Droguier de la Faculté de médecine. 1 vol. in-18, cart. .... 3 fr.

2e *Examen.*

Aide-mémoire d'anatomie à l'amphithéâtre, dissection et technique microscopique, arthrologie, myologie, angéiologie, névrologie, et découvertes anatomiques. 1 vol. in-18, 288 pages, cart. .... 3 fr.

Aide-mémoire d'histologie, d'anatomie (ostéologie, splanchnologie et organes des sens) **et d'embryologie.** 1 vol. in-18, 276 pages, cart. .... 3 fr.

Aide-mémoire de physiologie. 1 vol. in-18, 280 pages, cart. .... 3 fr.

3e *Examen.*

Aide-mémoire de pathologie générale et de bactériologie. 1 vol. in-18, 288 pages, cart... 3 fr.

Aide-mémoire de pathologie interne. 1 vol. in-18, 296 pages, cart. .... 3 fr.

Aide-mémoire de pathologie externe. 1 vol. in-18. 312 p., cart. .... 3 fr.

Aide-mémoire de chirurgie des régions, Tome I (*Tête, Rachis, Cou, Poitrine, Abdomen*), 1 vol. in-18, cart. .... 3 fr.

Tome II (*Organes génito-urinaires et membres*) 1 vol. in-18, cart. .... 3 fr.

Aide-mémoire de médecine opératoire. 1 vol. in-18, cart. .... 3 fr.

Aide-mémoire d'anatomie topographique. 1 vol. in-18, 298 pages, cart. .... 3 fr.

4e Examen.

Aide-mémoire de thérapeutique. 1 vol. in-18, 276 p., cart.................................... 3 fr.

Aide-mémoire de pharmacologie et de matière médicale. 1 vol. in-18, 276 p., cart........ 3 fr.

Aide-mémoire d'hygiène et de médecine légale. 3e *édition.* 1893, comprenant la loi du 30 nov. 1892 sur l'exercice de la médecine et la loi du 2 nov. 1892 sur le travail dans l'industrie. 1 vol. in-18, 272 p., cart. 3 fr.

5e Examen.

Aide-mémoire d'anatomie pathologique, d'histologie pathologique et de technique des autopsies. 1 vol. in-18, 280 p., cart.............. 3 fr.

Aide-mémoire de clinique médicale et de diagnostic. 1 vol. in-18, 304 pages, cart........... 3 fr.

Aide-mémoire de clinique chirurgicale, diagnostic, thérapeutique générale et petite chirurgie. 1 vol. in-18, cart... 3 fr.

Aide-mémoire d'accouchements. 1 vol. in-18, cart... 3 fr.

Concours de l'Externat des hôpitaux.

Aide-mémoire de médecine hospitalière, *anatomie, pathologie et petite chirurgie,* pour la préparation du concours de l'Externat, 1 vol. in-18, 300 p., cart. 3 fr.

MANUEL DU MÉDECIN PRATICIEN

Par le Professeur **Paul LEFERT**

La pratique journalière des hôpitaux de Paris. 2e *édition,* 1892. 1 vol. in-18, 350 p., cart....... 3 fr.

La pratique gynécologique et obstétricale des hôpitaux de Paris. 1893, 1 vol. in-18, 308 p., cart. 3 fr.

La pratique dermatologique et syphiligraphique des hôpitaux de Paris. 1893, 1 vol. in-18, 310 pages, cart.............................. 3 fr.

La pratique des maladies des enfants dans les hôpitaux de Paris. 1894, 1 vol. in-18, 300 p., cart... 3 fr.

La pratique des maladies du système nerveux dans les hôpitaux de Paris. 1894, 1 vol. in-18, 300 p., cart.................................... 3 fr.

La pratique journalière de la chirurgie dans les hôpitaux de Paris, 1894, 1 vol. in-18, 300 p. cart... 3 fr.

www.ingramcontent.com/pod-product-compliance
Ingram Content Group UK Ltd.
Pitfield, Milton Keynes, MK11 3LW, UK
UKHW020307230726
13925UKWH00001B/267

9 782013 629423